中国区域环境保护丛书
河 北 环 境 保 护 丛 书

河北环境科学研究

《河北环境保护丛书》编委会　编著

中国环境科学出版社·北京

图书在版编目（CIP）数据

河北环境科学研究/《河北环境保护丛书》编委会编著. —北京：中国环境科学出版社，2011.12
（中国区域环境保护丛书. 河北环境保护丛书）
ISBN 978-7-5111-0771-8

Ⅰ. ①河…　Ⅱ. ①河…　Ⅲ. ①环境科学—研究—河北省　Ⅳ. ①X321.222

中国版本图书馆 CIP 数据核字（2011）第 230301 号

责任编辑　周　煜　吴振峰　仉　凡　刘思佳
责任校对　尹　芳
封面设计　玄石至上

出版发行　中国环境科学出版社
（100062　北京东城区广渠门内大街 16 号）
网　　址：http://www.cesp.com.cn
联系电话：010-67112765（编辑管理部）
发行热线：010-67125803，010-67113405（传真）
印　　刷　北京中科印刷有限公司
经　　销　各地新华书店
版　　次　2011 年 12 月第 1 版
印　　次　2011 年 12 月第 1 次印刷
开　　本　787×960　1/16
印　　张　17
字　　数　230 千字
定　　价　42.00 元

《中国区域环境保护丛书》

《中国区域环境保护丛书》

总编委会办公室

《河北环境保护丛书》

《河北环境科学研究》

编委会

总序

继承历史，不断创新，努力探索中国环保新道路

环境保护事业在中国伴随着改革开放的进程已经走过了30多年的历史，这30多年来，几代环保人经过艰苦卓绝的探索、奋斗，使我国的环境保护事业从无到有，从小到大，从弱到强，从默默无闻到进入国家经济政治社会生活的主干线、主战场和大舞台，我们的环保人创造了属于自己的辉煌历史。

毛泽东说过，“看历史，就会看到前途”，“马克思主义者是善于学习历史的”。从过去的30几年，我们能切实感受到环境保护事业的发展壮大，更切实感受到环境保护事业的美好前景和未来；作为继往开来的环保人，我们同样感受着我们这一代环保人必须承担起的历史责任。我们必须继承前辈们的优良传统，继承他们积累的丰富经验，根据新的形势、新的任务、新的要求，在探索中国环保新道路的征程中奋力前行，全面开创环境保护的新局面。

可以说，中国环境保护的历史就是不断探索中国环保新道路的历史。上个世纪70年代初，立足于工业化起步和局部地区环境污染有所显现的现实，我们开始探索避免走先污染后治理的环保道路。特别是改革开放30多年来，付出了艰辛的努力，在新道路的探索中，环

保事业不断发展，探索重点与时俱进，国家环保机构也实现了“三次跨越”。在1973年第一次全国环保会议上提出的“全面规划、合理布局、综合利用、化害为利、依靠群众、大家动手、保护环境、造福人民”的32字方针的基础上，上个世纪80年代确立了环境保护的基本国策地位，明确了“预防为主防治结合，谁污染谁治理，强化环境管理”的三大政策体系，制定了八项环境管理制度，向环境管理要效益。进入90年代后，提出由污染防治为主转向污染防治和生态保护并重；由末端治理转向源头和全过程控制，实行清洁生产，推动循环经济；由分散的点源治理转向区域流域环境综合整治和依靠产业结构调整；由浓度控制转向浓度控制与总量控制相结合，开始集中治理流域性区域性环境污染。步入“十一五”以来，我们按照历史性转变的要求，确立了全面推进、重点突破的工作思路，提出从国家宏观战略层面解决环境问题，从再生产全过程制定环境经济政策，让不堪重负的江河湖泊休养生息，努力促进环境与经济的高度融合，积极实践以保护环境优化经济增长的路子。这一系列重大决策部署和环保系统坚持不懈的努力，大大推进了探索环保新道路的历程，积累了丰富的经验。历任环保部门的老领导都是探索中国环保新道路的先行者，几代环保人都是探索中国环保新道路的实践者。

历史是宝贵的财富，继承历史才能创造未来。探索中国环保新道路必须继承几代环保人积累下来的宝贵财富。有了继承才有创新，因为每一个创新都是对过去实践经验的总结和升华。因此，学习和掌握环境保护的历史，既是我们工作的需要，也是我们作为环保人的责任。

《中国区域环境保护丛书》（以下简称《丛书》）的编纂出版为我们了解、学习环境保护的历史提供了独特的平台。《丛书》是2008年在我国实施改革开放30周年和我国环境保护工作开创35周年之际启动的一项重大环境文化建设工程，第一次从区域环境的角度，对我国环境保护的历史进行了全面系统的总结、归纳和梳理，充分展现了30多年来我国各省市自治区环境保护工作取得的卓越成就，展现了环境保护事业不断发展壮大的历史，展现了几代环保人不懈奋斗和追求的历程。

要继续探索中国环保新道路，继承是基础，创新是动力。当前，积极探索中国环保新道路，已经成为环保系统的普遍共识和自觉行动。我们要努力用新的理念深化对环境保护的认识，用新的视野把握环境保护事业发展的机遇，用新的实践推动环境保护取得更大的实际成效，用新的体制机制保障环境保护的持续推进，用新的思路谋划环境保护的未来。以环境保护优化经济发展，以环境友好促进社会和谐，以环境文化丰富精神文明，为经济社会全面协调可持续发展作出更大贡献。

环境保护新道路是一个海纳百川、崇尚实践、高度开放的系统工程，是一个不断丰富、不断发展、不断提高的过程，在探索的道路上需要所有环保人前赴后继，永不停息。当前，新的探索已经起步，前进的路途坎坷不平。越是身处逆境，越是形势复杂，越要无所畏惧，越要勇于创新。要以海洋一样博大的胸怀，给那些勇于探索、大胆实践的地方、单位、个人，创造更加宽松的环境，提供施展才华的舞台，让他们轻装上阵、纵横驰骋。要继承30多年来探索环境保护新道路实践的伟大成果，借鉴人类社会一切保护环境的有益经验，站在新的历史起点上，大胆实践，不断创新，将中国环境保护新道路的探索推向一个新的阶段！

环境保护部部长

《中国区域环境保护丛书》总编委会主任

周生贤

二〇一一年六月

序

保护环境是我国的一项基本国策，关系现代化建设的全局和长远发展。多年来，河北省委、省政府高度重视环境保护工作，按照党中央、国务院决策部署，把建设生态文明作为全面建设小康社会的重要目标，把改善环境质量作为落实科学发展观、构建和谐社会的重要内容，把推进污染减排作为调整经济结构、转变发展方式的重要手段，采取了一系列重大措施，取得了令人鼓舞的成绩。特别是“十一五”期间，面对污染减排严峻形势，河北各地各有关部门不断加大环境保护工作力度，加强政策和机制创新，加强环境管理和环境执法，加强环境科技的推广应用，形成了一整套符合河北实际的有效做法，积累了丰富经验，取得了丰硕成果，为“十二五”环境保护工作奠定了坚实基础。

当前，环境保护已经进入一个新的历史时期，既面临大有可为的难得机遇，又面临攻坚克难的诸多挑战和压力。河北历史形成的产业和能源结构偏重，污染排放总量偏大，生态环境比较脆弱，环境保护工作任重而道远。“十二五”期间，各地各有关部门必须把环境保护工作摆在更加突出的战略位置，紧紧围绕科学发展这一主题、加快转变发展方式这条主线，以环境质量再上新台阶为目标，统筹协调环境与发展、开发与保护、城市与农村的关系，加大污染减排力度，着力解决突出环境问题，努力在新的起点上实现更大作为。

值此“十二五”开局之年，环境保护部组织编纂的《中国区域环境保护丛书》中的《河北环境保护丛书》正式出版，这是我省环境文化建设的一项重大工程，也是强化环保科技平台建设的重要内容。该丛书第一次全面系统地归纳总结了河北环境状况和环境保护工作，具有很强的资料性和历史价值，是宣传环境保护、普及环保知识、开展环保教育的很好的实用工具书和重要历史文献，对于加强环保队伍建设、提高全社会环保意识、推进环保事业加快发展，必将起到积极而深远的促进作用。希望各级领导干部和广大环保工作者认真学习研究，不断提高环境保护政策理论水平和实践能力，以开拓创新、真抓实干的精神，推动我省环境保护事业不断取得新的更大的成就。

河北省人民政府副省长　张杰辉

目录

第一章　绪论

环境保护是我国的基本国策，是全面建设小康社会的内在要求，是构建社会主义和谐社会的保证。环境科技是环境保护的有力支撑，只有通过环境科技的不断创新进步，才能发挥好环境保护在社会经济建设中的重要地位和作用，促进环境保护与经济发展和社会进步的协调发展。

党中央、国务院高度重视环境科技工作。胡锦涛总书记在2005年中央人口资源环境工作座谈会上强调："突破能源对经济发展的瓶颈制约，改善生态环境，缓解经济社会发展与人口资源环境的矛盾，必须依靠科技进步和创新。要根据我国自然资源和环境禀赋条件，加强关键技术攻关和高新技术研发，力争在生态环境建设和资源高效利用技术等方面取得重大突破。"胡总书记从国家经济社会长远发展的战略高度，深刻阐明了加强环境科技研发的重大意义，为环境科技工作指明了方向。温家宝总理在第六次全国环保大会上明确指出："加强环境保护，必须依靠科技创新。国家中长期科学和技术发展规划，已经把环境保护相关技术列入优先领域。要把自主创新和引进消化吸收结合起来，集中力量组织攻关，力争在环保关键技术，共性技术方面取得突破，切实提高我国环境保护的科技含量。"

国家环保总局于2006年8月18日在北京召开了首次全国环保科技大会，曾培炎副总理为大会发了贺信，高度评价了环境工作者的成绩，指明了环境科技创新的紧迫性，对环境科技工作者寄予了殷切的希望。会议期间周生贤局长作了《实施科技兴环保战略，努力开创环境科技工作新局面》的工作报告，报告立意高远，思路清晰，部署明确，令人振奋。大会表明了党中央、国务院对环境科技工作的高度重视，宣告了向环境科技进军的决心和信心。

第一节 环保科学研究历程

环境保护工作综合性很强，涉及社会各个领域。随着环境保护事业的蓬勃发展，为了实现环境保护目标，环境保护科学技术也应运而生。河北省对环境保护的科学研究，是从环境污染调查开始的。1972 年，对渤海湾污染情况进行了调查；1973 年进行了官厅水库污染源调查；1975 年创建的河北省环境科学研究所，是河北省环境保护办公室直属的环境保护科研机构。到 1978 年地、市级环境保护科研单位相继建立，全省共建立了 19 个环保研究所，其中，省级环保所 1 个，地、市级环保所 18 个。1981 年对全省环保所进行整顿，将技术力量和物资设备均不足，不具备研究所条件，不能发挥研究所作用的研究所撤销，充实和加强了环境管理机构和环境监测机构的力量，全省环境保护科研单位为研究所、监测站两块牌子一套人员。到 1988 年，全省科研、监测及环境保护技术管理人员已达 1 398 人，其中高级专业技术职称 28 人，中级专业技术职称 210 人。随着地、市合并和科技体制改革进程的发展，1989 年研究所和监测站分设，全省共设立了 12 个环保研究所，其中，省级环保所 1 个，市级环保所 11 个。截至 2009 年 3 月，全省环保系统科研、监测及环境保护技术管理人员已达 14 892 人，博士 8 人，硕士 121 人，本科 3 531 人，专科 6 044 人，中专及以下 5 188 人。

随着改革的深入，1991—2009 年全省环境保护科学技术有了较大的发展，省环境科学研究院的科技基础条件发展巨大，人员结构和素质不断提高，综合实力显著增强，1999 年河北省环境科学研究所改名为河北省环境科学研究院。2001 年被省科技厅批准建立了“河北省水环境重点试验室”；于 2002 年被原国家环保总局批准建立了“国家环境保护制药废水污染控制工程中心”；于 2003 年和 2004 年分别通过省科技厅和国家环保总局的验收。各专业科研院（所）、大专院校都担负着不同的职能，发挥各自的优势和作用。科研力量逐步增强，科研队伍不断发展壮大。从 20 世纪 70 年代初期进行城市工业污染防治，开展工业废水、废气、废渣、噪声监测和区域性污染源的调查、评价开始，逐步扩展到环境战略与环境管理、工业污染源控制、区域环境污染控制、自然保护与农村环境、环境监测与质量保证等五大领域的环境科学技术研究工作。

一、环境战略与环境管理

“河北省环境保护‘四大体系’研究”，该课题研究成果为河北省人民政府环境管理决策提供了科学依据，并以河北省人民政府文件《河北省人民政府印发关于建设环境保护四大体系实施意见的通知》(冀政[2004]147 号）发布了《关于建设环境保护“四大体系”的实施意见》，从 2004 年起，河北省用 3～5 年的时间，分阶段分步骤实施，按照现代化和高效率的要求，建立环境污染监控体系，以增强支持能力为目标，建立环境科技支撑体系，走多元化的路子，建立环境保护资金投入体系，坚持以人为本，建立环境保护公众参与体系，以此形成环境保护长效机制，跨越提升环境保护工作水平，落实党中央、国务院提出的全面协调可持续的科学发展观，促进河北省社会经济可持续发展战略的实现。

“固体废物资源化管理体系与交换处置运行机制研究”，该项目在对河北省固体废弃物产生、利用、处理、储存、处置现状进行调查、统计、分析的基础上，采用增长率法及物流分析法对河北省 2010 年固体废物产生量，特别是危险固体废物产生、利用、排放、处理处置和环境管理的情况进行了预测分析。提出了在河北省建立区域性固体废物资源化交换信息系统和建设并完善危险废物交换处置系统的新的固体废物资源化管理体系与交换处置运行机制，草拟提出了较为切实可行的《河北省危险废物污染防治管理办法》等四项新的管理办法，为政府管理部门提供了科学、规范的管理依据。

二、环境污染控制与防治

环境污染主要是人类活动和自然灾害所引起的环境质量下降而有害于人类及其他生物的正常生存和发展的现象。对自然环境的污染和破坏，有些是由于火山爆发、强烈地震等自然灾害造成的，而经常性的还是人为造成的污染。尤其是现代工业高速发展以来，在矿山开发、产品加工以及各种生产、运输及社会活动中，产生大量的废气、废水、废渣和其他废物。这些工业废弃物被不断地排入自然环境中，环境质量就会发生不良变化，危害人类健康和生存，这就形成了对环境的污染。

随着科学技术水平的发展和人民生活水平的提高，环境污染也在增加，特别是在发展中国家。环境污染问题越来越成为世界各个国家的共同课题之一。河北省自 20 世纪 70 年代初就开始对环境污染状况进行了有组织、有领导的系统调查，相应地进行了一系列防治措施，开展了对废气、废水、废渣的综合利用，并卓有成效。

2010 年，河北省政府出台《强化污染防治设施运行管理年实施方案》，标志着全省污染防治设施运行管理年活动正式启动。河北省将综合运用法律、经济、行政、技术等手段，切实提高现有污染防治设施运行管理水平。

三、自然保护与农村环境

近年来，河北省野生动植物保护工作步伐加快。目前，全省林业系统共建有森林、湿地、野生动物类型自然保护区 20 处，总面积 44.5 万公顷。这些保护区涵盖了全省所有的典型生态系统类型，有 80%的国家重点野生动植物物种得到保护，初步形成了护卫京津的自然保护区生态屏障，在为京津冀阻沙源、保水源、保护物种基因和维护生态平衡等方面发挥了重要作用。

与此同时，河北省野生动植物产业得到长足发展，形成了蠡县留史、肃宁尚村、枣强大营皮毛市场和安国祁州药市等全国重要的野生动植物产品集散地。目前，全省野生动植物繁育单位发展到 1.3 万家，野生动物存栏数超过 100 万头（只），野生动植物及其产品年贸易额超过 150 亿元。全省在候鸟主要迁徙停歇地、繁殖地、越冬地和野生动物集中分布区域，建立了 3 个国家级、15 个省级和近 200 个市县级陆生野生动物疫源疫病监测站点，确保了候鸟监测工作的顺利开展。

2008 年，河北省先后有丰宁、宽城、涞水等 7 个县（市）达到了国家级生态示范区建设标准，已按程序申报环保部核查、验收。截至 2009 年年底，河北省列入国家试点的 47 个试点县（市），已有 26 个达标，环保部命名的已有 19 个。

为改善农村生产与生活环境，加强农村环境保护工作，推进社会主义新农村建设，环保部决定开展“国家级生态村”创建活动。2008 年，河北省环保厅结合本地区实际情况，按照《国家级生态村创建标准》，组织迁安市唐庄子村、曲州县小弟八等村庄开展了国家级生态村的创建工作，共向环保部申报了 9 个“国家级生态村”。

全省现有生态农业示范试点县 7 个，即沽源、迁安、霸州、青县、栾平、涿鹿、永年，其中沽源和迁安为国家级试点县，其余为省级试点县。它们分布于河北省唐山、张家口、承德、廊坊、沧州和邯郸。总面积 1.3 万平方千米，类型为山林水综合治理、生态庭院、粮牧副渔综合发展、农工贸一体化等。

四、环境监测与质量保证

从 1993 年第一次计量认证以后，河北省环境监测中心站建立起一整套严格的监测质量控制工作制度。从任务的接收、监测计划的制订、监测过程中的质量控制、监测数据的审核签发到监测质量申诉等整个过程均有相应的制度做保障。2000 年又制定了监测任务流程框图、质量保证体系框图、监测质量管理组织框图、监测任务的接收与管理、点位的确定与样品的采集规定、监测分析基本要求、监测分析方法的选用规定。并制定了“实验室管理制度”、“原始记录管理制度”、“环境监测质量保证制度”、“监测样品管理制度”、“标准物质管理制度”、“仪器设备管理制度”、“化学试剂管理制度”、“技术资料管理制度”、“监测技术依据文件管理制度”、“保密制度”、“技术安全管理制度”、“实验室意外情况的应急处理制度”、“监测事故分析报告制度”、“三废处理制度”、“监测工作质量申诉处理制度”等 17 项制度。2002 年在扩项评审中又增加了部分程序文件和作业指导书，使省环境监测中心站的质控制度进一步完善。

第二节　环保科技政策

2007 年，河北省制定了《河北省环境保护“十一五”科技专项规划》，将环境标准与技术规范列为环境管理关键科学技术支撑的优先主题，并提出“研究制定适合我省的钢铁、制药、化工、造纸等重点行业污染物地方排放标准与技术政策；开展区域综合开发项目或规划的污染物排放总量及废弃物综合利用比例、数量等环境标准的研究；研究制定我省钢铁、制药、造纸、化工等行业清洁生产审核技术规范；研究制定资源开发生态保护与恢复标准；建立基于城市人群生活舒适性的生态环境质量评价技术规范和农村生态环境质量评价技术规范；制定我省静脉产业环境准入标准，废物回收过程环境标准，再生原材料管理和分类标准，废物资源化生产场地监测标准和制成品环境标准；制定我省循环经济与生态工业环境管理技术规范；开展饮用水水源地各种环境介质中有害物质和有害因素监测方法标准、监测技术规范制修订的研究工作，开展各种有机污染物和持久性有机污染物监测方法的研究制定工作；制定管理和控制环境监测工作各个方面和环节的环境监测技术规范”。

第二章　环境与环境问题

第一节　行政区域

一、地理位置

河北省地处北纬 36°05′～42°40′，东经 113°27′～119°50′，位于华北平原，兼跨内蒙古高原，土地总面积 187 693 平方千米。全省内环首都北京市和北方重要商埠天津市，东临渤海。

河北省地势由西北向东南倾斜。西北部为山区、丘陵和高原，其间分布有盆地和谷地，中部和东南部为广阔的平原。海岸线长 487 千米。地貌复杂多样，高原、山地、丘陵、盆地、平原类型齐全，有坝上高原、燕山和太行山山地、河北平原三大地貌单元。坝上高原属蒙古高原的一部分，平均海拔 1 200～1 500 米，占全省总面积的 9.8%；燕山和太行山山地，其中包括丘陵和盆地，海拔多在 2 000 米以下，占全省总面积的 51.2%；河北平原是华北大平原的一部分，海拔多在 50 米以下，占全省总面积的 39%。

二、行政区划

河北省历史悠久，相传中国夏朝（约公元前 22 世纪末—约公元前

17 世纪初）时，划中国为九州，“冀州”为九州之首，今河北地域即属冀州。这也是河北的简称“冀”的由来。

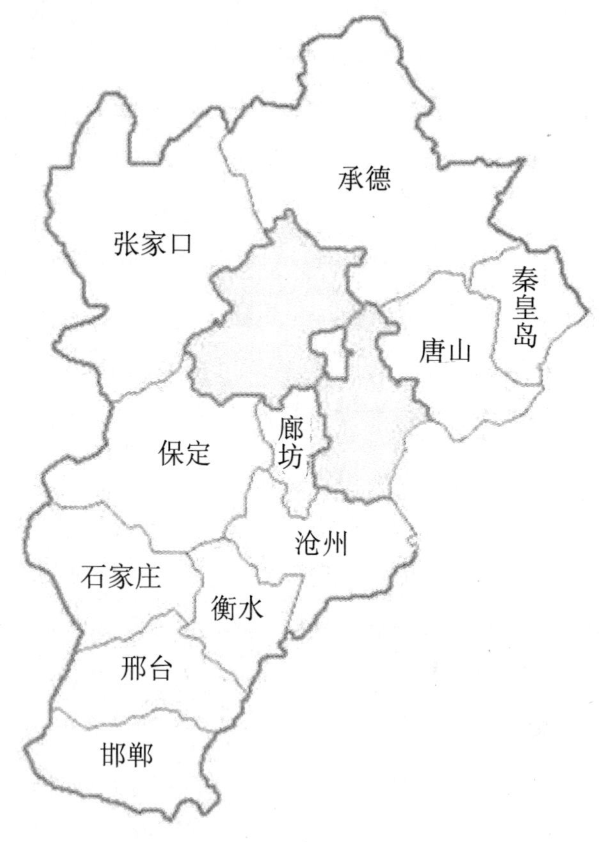

图 2-1　河北省行政区图

全省现设石家庄、唐山、秦皇岛、邯郸、邢台、保定、张家口、承德、廊坊、沧州、衡水 11 个省辖设区市；172 个县（市、区），其中 108 个县、6 个少数民族自治县、22 个县级市、36 个市辖区；全省共有 1968 个乡镇（其中乡 1035 个，镇 933 个），49824 个村民委员会，2824 个居民委员会。省会石家庄市位于河北省中南部，是河北省的政治、经济、旅游、文化中心。

石家庄市辖6区17县（市），即新华区、桥西区、桥东区、长安区、裕华区、矿区、辛集市、晋州市、藁城市、新乐市、鹿泉市、正定县、深泽县、无极县、赵县、栾城县、高邑县、元氏县、赞皇县、井陉县、平山县、灵寿县、行唐县和1个高新技术开发区。共有镇114个，乡108个，办事处43个，行政村4488个，居委会449个，家委会195个。

唐山市辖6区8县（市），即路北区、路南区、古冶区、开平区、丰润区、丰南区、遵化市、迁安市、滦县、滦南县、乐亭县、迁西县、玉田县、唐海县，另设汉沽管理区、高新技术产业园区、南堡经济开发区、海港经济开发区、曹妃甸工业区。

秦皇岛市辖3区4县，即海港、北戴河、山海关三个城市区和抚宁、昌黎、卢龙、青龙满族自治县四个县，75个乡镇，18个街道办事处，2287个村民委员会。

邯郸市现辖4区1市14县，即丛台区、复兴区、邯山区、峰峰矿区、武安市、鸡泽县、邱县、永年县、曲周县、邯郸县、肥乡县、馆陶县、涉县、广平县、成安县、魏县、磁县、临漳县、大名县。全市共有91个镇，123个乡，27个办事处，400个居委会，5206个行政村。

邢台市辖2市15县2区，即沙河市、南宫市、清河县、宁晋县、内丘县、广宗县、邢台县、任县、临西县、新河县、隆尧县、柏乡县、威县、临城县、平乡县、南和县、巨鹿县、桥东区、桥西区。市区还设有高新技术产业开发区和豫让桥新区。全市共有191个乡（镇），19个街道办事处，其中建置镇75个。有5190个村民委员会，335个居民委员会。

保定市辖3区22县（市），即南市区、北市区、新市区、定州市、涿州市、安国市、高碑店市、易县、徐水县、涞源县、定兴县、顺平县、唐县、望都县、涞水县、清苑县、满城县、高阳县、安新县、雄县、容城县、曲阳县、阜平县、博野县、蠡县，另设高新技术产业开发区。

张家口辖7区13县，即桥东区、桥西区、宣化区、下花园区、塞北管理区、察北管理区、高新技术开发区、康保县、沽源县、尚义县、张北县、崇礼县、赤城县、怀安县、万全县、宣化县、阳原县、蔚县、涿鹿县、怀来县。

承德市下辖3区8县，即双桥、双滦、鹰手营子3个区和围场、丰宁、隆化、承德、滦平、平泉、兴隆、宽城8个县。其中，围场为满族蒙古族自治县，丰宁、宽城为满族自治县。市府驻地双桥区为全市政治、经济文化中心。

廊坊市辖2区8县（市），即广阳、安次2个区，三河、霸州2个县级市，大厂、香河、永清、固安、文安、大城6个县。共有90个乡镇，3 222个行政村。

沧州市辖2区14县（市），即新华区、运河区2个区，泊头市、任丘市、黄骅市、河间市4个市，沧县、青县、东光县、海兴县、盐山县、肃宁县、南皮县、吴桥县、献县和孟村回族自治县10个县。沧州市共有乡镇167个，其中镇73个，街道办事处20个。

衡水市辖1区10县（市），即桃城区1个市辖区，冀州市、深州市2个市，枣强县、武邑县、武强县、饶阳县、安平县、故城县、景县、阜城县8个县。共设57个镇，57个乡，4个街道办事处，下辖4 994个村委会，92个居委会。

第二节　自然环境特征

一、地质、地形、地貌

河北省背依高原，面向海洋，西北部山峦迭起，东南部平原展布，地貌特征为：高差大，全省地势西北高、东南低，西北部的高原、山地海拔多在1 000米以上，部分地区超过1 500米，有些山峰，如小五台山、茶山、灵山、东猴顶、大海坨山、桦皮岭、甸子梁、雾灵山、冰山梁、云雾山、白石山等均高达2000米以上，其中小五台山东台海拔高达2882米，为全省第一高峰。而东南部的平原大部分海拔不足50米，沿海一带10米以下，以至2～3米，全省最高与最低差2800余米。

地貌复杂多样。有山地、高原、丘陵、盆地和平原，其中每一类地貌又有成因不同的类型。总地势由西北向东逐渐下降，影响气候、水文、土壤、植被等自然因素和农业布局。

山地坡度差别在20°～40°。有海拔2000米以上的侵蚀、剥蚀中高山，如小五台山；海拔1000～2000米，相对高度500～1000米的侵蚀、剥蚀中山，如屏山、阜平、崇礼、赤城、丰宁、隆化、兴隆、青龙等地的山地；海拔500～1000米，相对高度小于500米的侵蚀、剥蚀低山，如太行山中、南段及承德、平泉等地的山地。高原集中分布在西北部边缘，海拔1200～1500米，高原上中、小型地貌多种多样，有低山、丘陵、残丘、岗梁、平原分布。丘陵主要分布在燕山南麓和太行山东麓，冀西北一些盆地的边缘也比较集中。海拔一般不足500米，相对高度低于300米，有黄土丘陵，也有多种石质丘陵。大部分盆地是构造型，尤以断陷盆地较多。盆地内一般有河流分布，沿河形成冲积平原，边缘常发育冲击洪积扇，坡度平原，多为3°～5°。小盆地众多，较大盆地有桑干河盆地区和洋河盆地区。平原广阔，地势一般为平原，但有微小起伏，缓岗、自然堤、古河道、洼地等广泛分布。平原地貌有许多类型，既分散，又有一定集中性，错综复杂。

大部分地貌单元排列整齐，可概括为平原、山地、高原三类，自东南向西北排列。平原展布在东南部，山地呈半环状耸峙于西北部，高原镶在西北缘，由海向陆逐级上升。这种地势既便于湿暖气团深入内陆，也便于各河汇归大海。

根据地质条件、地貌形态、成因类型和现代地貌作用等因素，河北地貌可分为坝上高原、冀北山地、冀西北山间盆地、冀西山地、河北平原五个区域。

（一）坝上高原

坝上高原区系内蒙古高原的南缘，位于张家口、承德两地区北部。南界大致在狼窝沟、老窝铺、姜家庄等地连线一带，东、西、北缘止于省界。张家口地区的高原一般称张北高原，承德地区的高原常称围场高原，当地习惯将两个高原统称“坝上”高原，平均海拔1200～1500米，总面积18391平方千米，占全省总面积的9.8%，包括张北、沽源、康保三县的全部和尚义、丰宁、围场县的一部。坝上高原发育在冀北纬向构造体系或内蒙古台背斜和察哈尔台向斜之上，古老变质岩和花岗岩广泛出露，燕山运动和喜马拉雅运动产生不少断裂，形成一系列凹陷盆地。由于高原地势长期缓慢上升、地势高耸，总的地势由南向北倾斜，全境可分为四部分：

①南部坝头及其附近，西部大面积汉诺坝玄武岩已发育成为全国闻名的张北熔岩台地，东段广泛分布的中、酸性火山岩、绝大部分剥蚀成垄状低山，统称为大马群山。这一带山地海拔1500米左右，相对高度200米，最高峰桦皮岭海拔2129米。

②康保北部为阴山主脉尾端，海拔1200～1500米，相对高差100～200米，呈丘陵状态，间有宽阔平地，主要由古老片麻岩、花岗岩组成。

③中部为高原的主体，是典型的高原地貌，地势波状起伏，岗梁、滩、湖淖相间分布。海拔1400米左右，相对高度约50米。地表水径流汇于洼地，形成内陆湖（淖），较大的有50多个，其中以安固里淖最大，面积51.6平方千米。湖边的广阔平原，当地称为滩地，滩地下有湿滩、二阴滩和干旱滩三种类型。滩地上牧草肥美，成为天然牧场。由于不合理利用，不少地方草场退化，土壤盐渍化严重，风沙盛行。

④高原东部地势较高，海拔1600～1800米，相对高度200～300米，为垄状高原，山坡较陡，在低山缓丘间有黄土分布，并有一些由变

质岩、花岗岩组成的残丘，当地称“脑色”。还有一些固定、半固定的沙丘。

由于北部无明显的天然屏障，高原区大半年处于强劲干寒的西北气流控制下，西南部又由于地势抬高，夏季暖湿气流到此已似强弩之末，故气候特征表现为干寒多风，因此发育成草原天然植被。近代，由于超牧、滥垦、风蚀结果，土壤变坏，形成不少沙化等不毛之地。

（二）冀北山地区

冀北山地区位于河北省东北部，北连坝上高原，南界河北平原，西以白河谷地与冀西北山间盆地区分界，大体上相对于广义的燕山山地，为侵蚀剥蚀中山区，包括承德地区坝下和唐山、秦皇岛、承德三市所属 19 个县市的全部或一部分，总面积 45 595 平方千米，占全省面积的 24.53%。

该区山岭重叠，沟谷、河谷纵横，地势北高南低，由花岗岩、片麻岩、石英岩及灰岩组成山体，构造复杂，岩性多样。在大地构造上，冀北山地属于冀北纬向构造体系，南部或内蒙古台背斜和燕山沉陷带的一部分，在地质年代，北部稳定上升，南部大量沉降，受燕山运动的影响显著，喜马拉雅运动也有突出表现。

燕山北侧海拔多在 1 300～1 500 米，最高峰东猴顶 2 292 米，山地相对高度多在 500～800 米，坡高 20°～40°，耕地少，林牧面积大，省内天然林、天然草场集中于此地，以丰宁、围场、隆化等县最为集中。滦河、潮白河及其支流发源或流经此地，河流切割剧烈，盆地、宽谷较多，较大的有滦平、隆化、平泉、承德等盆地，盆地内松散沉积物较厚，是种植业比较集中的地方。燕山南侧多为海拔 500 米以下的丘陵，间有较大的盆地，如遵化、迁西、抚宁盆地等。地处东南季风迎风坡，是河北省多雨区之一，有利于农作物和林木生长。

七老图山蜿蜒在东部边缘附近，为北北西—南南东走向，燕山（狭义）横亘在南部边缘，大致为东西向，受河流强烈切割，山体破碎，呈现有山无脉。山脉中丘陵密布，谷地、盆地交错，海拔1000余米的孤峰林山有都山、月牙山、五凤楼山、天秤山、雁飞岭和光头山等，总计30余座。这一地区山多平原少，向有“九山半水半分地”和“七山二水一分田”的说法，小片平原多集中分布在山间盆地和河谷之中，如遵化、迁西、抚宁和承德、平泉、隆化等地。

（三）冀西北山间盆地区

冀西北山间盆地区位于恒山、太行山、燕山交接处，北连张北高原，南至蔚县盆地南缘和小五台山西北麓。四周由海拔1200米以上的中山环抱，中部低下，形成一串大小不等的盆地和低山丘陵。如张家口地区的坝下部分，包括张家口市、宣化、怀安、万全、阳原、蔚县、怀来、涿鹿、崇礼、赤城的全部和尚义的一部分，总面积23753平方千米，占全省总面积的12.66%。

这一地区地貌的突出特点是山地、丘陵、河谷和盆地相间分布，排列有序。山地、丘陵主体为北北东—南南西走向，主要有军都山、大海坨山、燕然山、黄阳山、熊耳山等，海拔高度在1000～1500米，个别山峰超过2000米，如大海坨山主峰海拔2241米，是全区最高主峰。在山地、丘陵之间发育有一系列断陷谷地和盆地，如怀来、宣化、龙关、赵川、张家口、阳原、蔚县等谷地或盆地。洋河、桑干河及其支流、壶流河穿越其间，将谷地、盆地连接起来，犹如串珠，组成桑干河和洋河两大盆地。盆地区中部为冲积平原，边缘为洪积裙和冲积洪积扇。

（四）冀西山地区

冀西山地区位于河北西部，全境连冀西北山间盆地区，东接河北平原，西、南止于省界，为太行山脉绵延分布地区。包括保定、石家庄、邢台、邯郸4个市所属26个县的全部或一部分，面积26293平方千米，占全省总面积的14.01%。

该区属新华夏构造体系或山西台背斜控制区。境区太古代变质岩、古生代沉积岩广泛分布。花岗岩、花岗闪长岩、玄武岩也有出露。侏罗纪早期以来形成一系列北北东向的隆起和凹陷，如武安、涉县凹陷、赞皇隆起，井陉凹陷、阜平隆起等。该区属黄土高原的边缘，第四纪黄土普遍分布。

复杂的地质条件，丰富的降水，众多的河流，地表形态千差万别。地势由西向东倾斜，以西北为最高，呈阶梯状分布，阜平、平山一带的山地海拔多在1000米以上，最高峰小五台山海拔2882米，相对高度超过500米，属侵蚀剥蚀中山。太行山中、南段地势比较低缓，海拔多在1000米以下，属侵蚀剥蚀低山或丘陵。丘陵、低山间河谷辗转穿越，盆地错落分布。主要盆地有涉县、武安、阳邑、井陉、涞源等，其中不少是构造盆地，也是煤盆地。因受岩性和河流切割的影响，山地的形状千姿百态，有平台状（如小五台山）、桌状、梯状、浑圆状、梁状、脊状、尖塔状（如狼牙山）等。

源出山西高原的众多水系，自高原奔流而下，多横切山地，形成峡谷，成为晋、冀间的天然交通通道，古代称为“陉”，著名的有积关陉、太行陉、白陉、军都陉、蒲阳陉、飞狐陉、井陉、滏口陉等8处（后4陉位于河北省境内）。

该区土地面积大，类型多，可作多种利用，由于有不少土地土层薄，富含砾石，植被差，蓄水能力低，水土流失严重，宜发展林牧业和多种经营。河谷和盆地是本区主要农田。有相当面积基岩裸露的石质山，难以利用。

（五）河北平原区

河北平原属华北大平原的一部分，位于冀北、冀西山地和渤海之间，西部以复杂的大断裂带和山地、丘陵分开，面积73129平方千米，占全省总面积的39%。

河北平原处于新华夏构造体系中沉降带和北部河淮台向斜中，是中、新生代以来的凹陷区，特别是新生代以来下降的幅度更大，堆积了深厚的第三纪和第四纪地层，最厚处5000余米，它们掩盖了原来的巍巍群山、河谷和盆地，而形成今天的河北平原。由于长期下沉，河北平原的地势不高，近山一带海拔约100米，向渤海湾逐渐降低，平原地面的坡度平缓，为1/20000～1/200。

根据平原的形态和成因不同，可分为山前冲积洪积平原（山麓平原）和中部冲积平原（低平原）。

山麓平原主要由流经和发源于太行山、燕山的一系列河流在山前洪积、冲积形成的大小不等的冲积扇组合组成。

太行山山麓平原位于冀西山地东麓京广线两侧。包括石家庄、保定、邢台、邯郸4个市，所属51个县（郊区）的全部或一部分，共770个乡（镇）。总面积20823平方千米，占全省总面积的11.1%。

该区是由太行山流出的10余条主要河流在山麓地带形成的一系列冲积扇、洪积裙联合组成的。其中以冲积扇为主体，从山麓向平原缓缓倾斜。总坡降1/2000～1/200，海拔50～100米。其中以滹沱河冲积洪积扇最为完整，最长可延伸50～55千米。冲积扇的前缘与低平原相接处往往形成洼地。如宁晋泊、大陆泽、永年洼、白洋淀等。又由于河道迁移，有的冲积扇又由几个新老冲积扇复合而成，微地貌复杂。近山一带有残丘，河流两岸多沙荒分布。

该区地质基础为第四纪冲积洪积物，土层深厚，土质良好。但洼地土壤质地黏重，雨后积水排泄不畅。土壤有盐渍化危害。

燕山山麓平原位于冀北山地以南，滨海平原以北，京山铁路两侧。包括唐山、秦皇岛和廊坊所属14个县市的全部或一部分，共计297个乡镇。总面积8295平方千米，占全省总面积的4.4%

燕山山麓平原由潮白河、蓟运河、滦河及其他较小河流的洪积、冲积扇复合而成。其中滦河源远流长。上游流经高原、山区，坡降大，侵蚀强烈，河水含沙量大，进入平原后，泥沙大量沉积，形成巨大的冲积扇，构成本区的地形主体。东部昌黎、抚宁、卢龙一带，主要由饮马河、洋河、汤河冲积而成。丰南、古冶、唐山一线以西（包括三河、大厂、香河三县），主要由陡河、蓟运河、潮白河冲积而成。其中蓟运河及其支流以及山前流出的季节性小河，在形成该区的地形过程中起了重要作用。但因河流均比较短小，所形成的山前冲积扇，不仅规模小，而且形态不甚明显，因此山前平原呈带状分布。

该区地面平坦、开阔，海拔在5～50米，地面坡降1/2 000～1/800，除个别洼地外，一般排水良好，径流通畅，涝灾威胁较少。土地除北部山脚地带为坡积物母质外，大部分由冲积洪积物形成。

低平原位于太行山麓平原以东，滨河平原以西，包括衡水、沧州、邯郸、邢台、保定、廊坊市所属58个县（市）的全部或一部分，共1024个乡镇。总面积35966平方千米，占全省总面积的19.16%。低平原主要由古黄河、海河及其支流冲积物组成，地势较低，海拔多在50米以下，平原的北部自西北向东南倾斜，南部自西南向东北倾斜，至天津附近地势最低。海拔仅3米左右。平原地区基本平缓，大部坡降1/10000～1/6000。由于地势低平而坡降小，夏遇暴雨，大量客水汇集，河流泄洪能力弱，地面排水不畅，易发生洪涝。该区微地貌复杂，普遍存在起伏不大的缓岗、倾斜平地和浅平碟状洼地，排水困难，河流多次泛滥改道，多数河床淤高成为地上河。各河之间形成封闭地区，如黑龙港区、清南区、淀边区、滹滏区。古河床形成高地、波状沙地等。部分地区有地下浅位或中位厚层胶泥，透水性差，地下水径流排泄不畅，潜水位较高，易发生土壤次生盐渍化。

二、气候与气象

河北省气候属于温带半湿润半干旱大陆性季风气候，四季分明。冬季寒冷干燥、雨雪稀少；春季冷暖多变，干旱多风；夏季炎热潮湿、雨量集中；秋季风和日丽，凉爽少雨。河北省光照资源丰富，年总辐射量为4854～5981兆焦/米^2，年日照时数2319～3077小时；南北热量差异较大，年平均气温为1.8～14.2℃，极端最高气温43.3℃（保定，1955年7月23—24日），极端最低气温–42.9℃（围场县御道口，1957年1月12日），年无霜冻期81～204天。降水分布不均，年降水量为215～745毫米，总的趋势是东南部多于西北部。

河北省境内冷暖气团活动频繁，多气象灾害，且具有以下显著特点：

1．灾害的种类多、频次高、范围广

河北省每年都会有多种灾害不同程度地在各地发生，而且有些灾害每年还会以多种形式发生多次，频次较高。如旱灾，就有春旱、春夏连旱、伏旱、秋旱、冬春连旱等；风灾既有冬季的寒潮大风，又有夏季的雷雨大风、龙卷风、台风、干热风等。各种灾害每年几乎遍及全省各地，形成全省范围内的多灾局面。

2．旱涝交替发生，呈阶段性，且往往多灾并发

这是河北省气象灾害最明显的标志。全省每年都有一些地方严重干旱，同时，另一些地区又遭受洪涝灾害袭击。从河北省旱涝灾害发生的历史看，往往是连续几年、几十年多旱灾，而另一个时期多洪涝灾，呈现出一定的阶段性。在旱涝交替发生的过程中，往往还会伴有多种灾害同时发生，而且一年之内水、旱灾害随季节的推移交替出现。

3．各种气象灾害的区域分布明显，且相对稳定

受气候、地理位置、地形等因素的影响，河北省各类气象灾害大致分布如下：北部张家口、承德地区，冬春多大风、沙尘暴、大雪、冰雹天气，夏秋多干旱、暴雨及霜冻天气；西部太行山地区多干旱天气，又

因太行山迎风坡的抬升作用，还易发生暴雨，引起洪涝灾害，若遇雨量较大的年份，易导致山洪暴发；东部沿海地区易受台风、温带气旋、海啸等袭击发生风暴潮，且多受风雹危害；沧州、衡水以及邢台、廊坊、保定部分地区的黑龙港流域为河北省的干旱区域，平原地区受历史上黄河多次改道的影响，有许多纵横交错的岗洼地，河道排水不畅，又是容易发生沥涝的地区。全省受冬季强冷空气的影响，寒潮大风天气较多。

4. 特大灾害频繁发生，损失惨重

关于河北省特大气象灾害的记述屡见史端。1949 年以来，多次遭受特大气象灾害袭击，如 1954 年、1956 年、1963 年、1977 年、1996 年的大水洪涝灾害，1965 年、1972 年、1975 年、1992 年、1997 年以及 1980 年起的 10 年旱灾等。频繁严重的气象灾害给河北省的工农业生产及人民生命财产带来严重损失。

三、水系与水文

（一）水系

河北省河流众多，长度在 18 千米以上 1000 千米以下者就达 300 多条。境内河流大都发源或流经燕山、冀北山地和太行山山区，其下游有的合流入海，有的单独入海，还有因地形流入湖泊不外流者。主要河流从南到北依次有漳卫南运河、子牙河、大清河、永定河、潮白河、蓟运河、滦河等，分属漳卫南运河、子牙河、大清河、永定河、北三河、滦河及冀东沿海河流、黑龙港运东地区河流七大水系。河北省河流污染问题严重，七大水系中 70%～80%的河流都受到了污染，有 50%的河流属于重度污染，仅秦皇岛和承德尚存部分清水河流。全省大多数河流总体状况是：缺少自然径流，基本失去稀释、自净能力，接近“有河皆枯，有水皆污”的境地。

（二）水文

水文地质环境决定了地下水的形成、赋存和运动方式以及地下水的补给、径流和排泄条件。按照全省地层岩性、地下水赋存、水理性质、水力特征等，大致可分为四种类型。

1. 碎屑岩类裂隙水含水岩组

主要分布于燕山、太行山山区，一般为岛状零星分布，是由上元古界、下寒武系、石炭系、二迭系、三迭系、侏罗系、白垩系和第三系的砂岩、页岩组成。大多为风化裂隙含水，其量不大；在砂岩中偶有条件适宜的破碎带裂隙水，其量则相对丰富一些。该区水化学类型一般为重碳酸钙镁型，矿化度小于 0.5 克/升，水位埋深多小于 10 米，为降水入渗补给——蒸发、径流排泄消耗型。

2. 火成岩变质岩岩类裂隙水含水岩组

该组主要分布在广泛的山区。在滦河、潮白河、永定河水系的区域内，以侏罗系的火山喷出岩和侵入岩并重，水量不大，在条件适宜的构造破碎带上也能找到丰富的地下水。内陆河坝上地区还分布有玄武岩孔洞裂隙含水，但很不均匀，单井单位水位下降涌水量最大达 161.16 米^3/（时・米），最小仅 0.38 米^3/（时・米）。在太行山大清河水系及其以南的山区，均发育有花岗岩、闪长岩等不同时期的侵入岩，其地表出露面积不大。火成岩侵入体除风化带含有少量地下水外，基本上不含水，形成良好的隔水体。前寒武系滹沱群变质岩，在太行山区分南北两大片分布。其中，亦有火成岩体侵入。在变质岩中，主要为裂隙水，在构造破碎带和白云岩岩脉中往往能找到丰富的地下水，单井单位水位下降涌水量能达到 10 米^3/（时・米）以上，而在其余广大地区则仅在风化带中含水，且水量很小，单井单位水位下降涌量小于 5 米^3/（时・米）。

区域内水质矿化度小于 0.5 克/升，为重碳酸钙镁型水，地下水埋深仍小于 10 米，呈降水入渗补给——蒸发、径流排泄消耗型。

3. 碳酸盐岩类裂隙岩溶水含水组

主要分布在燕山山区的平泉至兴隆一带，青龙以南，迁西与丰润之间；太行山山区的易县至曲阳一带，蔚县以南至涞源之间，获鹿、井陉、邢台，以及武安至涉县一带；另在桑干河盆地间亦有零星分布。各个水系均有发育，总面积 1.6 万余平方千米。主要由中寒武系、上寒武系、下奥陶系、中奥陶系以及中元古界的灰岩、白云岩组成，岩溶裂隙发育，富水性极强，单井单位水位下降涌水量 20～50 米^3/（时·米），但分布不均，局部可小于 20 米^3/（时·米）或大于 50 米^3/（时·米）。在主径流带上地下水水平径流极强。在部分地质构造和地形、地貌条件适宜的地点常能形成大泉出露，诸如涞源泉、威州泉、石鼓泉、百泉、黑龙洞泉、东风湖泉以及河北与山西交界处的娘子关泉。其中，黑龙洞泉涌水量可达 27000 米^3/时，娘子关泉最大时可达 50000 米^3/时。在毗邻山区的山前地带也隐伏有碳酸盐岩类岩溶裂隙水含水组（限定深度 400 米），如唐山、三河、易县、满城、石家庄、邢台等地。该区域内依然为降水入渗补给——开采、泉排消耗型，在没有开采和泉排的地区，则以河川排泄为主。地下水位埋深，在补给区内相差较大，最深可达 200～300 米，径流区相对较浅，泉排区最浅一般只有 2～10 米。水化学类型为重碳酸钙型，矿化度小于 0.5 克/升。

4. 松散岩类孔隙水含水岩组

从其分布情况来看，主要在坝上平原、山间盆地及河北平原，在山区的河谷地带也有零星分布。

内陆河坝上平原，以黄盖淖—对口淖为界，以东地区第四系松散沉积物厚度较大，含水层厚度 10～60 米，岩性以中砂、砂砾土、碎石为主，间有粉细砂，单井单位水位下降涌水量 5 米^3/（时·米）左右，以西地区含水层厚度小于 10 米，以粉细砂为主，单井单位水位下降涌水量小于 5 米^3/（时·米）。以大气降水入渗补给为主，侧向径流次之，开采量甚小，处于自然蒸发消耗状态。化学特征为重碳酸钙或碳酸硫酸钙镁型。

在山区松散岩类孔隙水含水岩组主要分布在滦河、蓟运河和永定河水系中的遵化盆地、迁安—卢龙盆地、蔚县—阳原盆地、张家口—宣化盆地、涿鹿—怀来盆地和比较开阔的河谷中。含水层以粗砂砾石为主，局部为细粉砂和细砂。多为潜水，局部为承压水，单井单位水位下降涌水量 5～20 米^3/（时·米）。以大气降水入渗补给为主，侧向径流次之。地下水开采量不大，属径流排泄型。水位埋深变化较大，由盆地周边的 30～50 米过渡到盆地中部的 2～10 米。由于局部开采量增加，近年已有的盆地出现水位下降漏斗，如沙城漏斗等。盆地周边地带地下水化学类型为重碳酸钙型，在洋河两岸过渡为重碳酸钠镁型，矿化度一般为 0.5～1.0 克/升。

河北平原松散岩类孔隙水含水岩组，在山前冲积洪积扇中主要有滦河、还乡河、拒马河、漕河、唐河、沙河、滹沱河以及漳河等冲洪积扇。含水层多为卵砾石组成，粒度粗厚度大，由单层向多层过渡，剖面连续性强，含水体呈扇状分布。导水系数多大于 1 000 米^2/日，含水层上覆和含水层之间多为透水能力较强的砂或亚砂土，利于降水入渗补给。水动力特征为潜水—微承压水。单井单位水位下降涌水量 30～50 米^3/（时·米），局部大于 50 米^3/（时·米）。上述类型在滹沱河及其以北的山前平原冲洪积扇群体发育最为典型，而其以南至漳河段没有较大的河流，也未形成较大的冲洪积扇。扇间及扇前地带含水层颗粒变细，层数增多而变薄，层间土黏性增加。含水层透水性和富水性均较扇体较差，导水系数为 100～500 米^2/日，单井单位水位下降涌水量 10～20 米^3/（时·米）。平原中部系由海河、黄河冲积湖积而成，以中砂、细砂为主，导水系数为

100～300 米^2/日，南部魏县、大名一带局部可达 500～1 000 米^2/日，多呈单、双层结构，上覆及层间多以亚砂土相隔，有利于降水入渗补给。水动力特征为潜水或微承压水，单井单位水位下降涌水量 10～20 米^3/（时·米）。中部平原在一定深度上发育有矿化度大于 2 克/升的碱水，而在与山前平原的过渡带上分布有全淡水区。在滨海冲积海积平原中，陡河、还乡河下游及滦河三角洲含水层以细砂为主；沧州地区的黄骅和海兴一带则以粉砂为主。常见厚度 10～20 米，导水系数小于 50 米^2/日，径流微弱，地下水基本处于停滞状态，部分地区有海浸影响，矿化度大于 5 克/升，高者可达 30 克/升。水质结构为咸水—淡水或全咸水，单井单位水位下降涌水量 2～5 米^3/（时·米），局部 5～10 米^3/（时·米）。

河北平原是河北省重要的农业区和城镇集中分布区，自 1975 年以来，全省每年的用水量都超过 200 亿立方米，这些用水量中 70%靠开采地下水来实现。由此造成地下水连年超采，平均每年超采 30 亿～40 亿立方米，最多年超采 50 亿立方米以上。地下水超采，引发一系列的地质环境灾害，致使一些地方出现地下水位下降漏斗。其中，浅层水下降漏斗有 10 处，波及面积达 3 285.8 平方千米；深层水下降漏斗有 7 处，以沧州漏斗区最明显，中心水位埋深口达 82.08 米，水位标高 74.36 米。目前各漏斗中心水位仍持续下降，其影响范围也在不断扩大，地下淡水资源量日趋减少。

地面沉降是由于超量开采深层地下水，导致地下水位持续下降而引起的一种水文地质灾害。从全省来看，除北部和西部山区相对上升外，整个平原区都在下沉，尤其是京津一线以南约 4 万平方千米的平原区，地面下沉较为明显。在大范围下降的背景下，又分布着许多大小不等的沉降区。这些沉降区多以城市为中心，互相连成一片。在全省较为明显的 10 个沉降区内，以天津为中心波及河北省平原的沉降区为最大，1970—1988 年，中心以年均 87 毫米的速度下沉，影响范围超过 5 700 平方千米；其次是沧州市沉降区，1973—1983 年每年下降 40 毫米，

1983—1988年每年下降达87.6毫米，沉降速度明显加快，1999年沧州市地面最大下降达1.76米；任丘市沉降区为平原第三大沉降区，自20世纪80年代初期形成，1988年以前每年下降80毫米，波及面积超过2000平方千米，且发展较快，其原因除地下水超量开采外，还可能与地下油、气的开采有关。

海水入侵是指由沿海陆地地下水位下降而引起的海水侵染陆地淡水层的一种现象。较为严重的海水入侵区分布在抚宁县，从洋河口、戴河口向陆地延伸到古城、枣园、南孟庄一带，面积约16平方千米。轻度海水入侵区亦分布在抚宁县，包括京山铁路以南的都寨集、蒋营、宗杨庄一带，面积为16.4平方千米。另外，在秦皇岛市海港区分别以第三塑料厂、调味厂、建材机械厂和以玻璃厂、玻璃纤维厂为中心的两片海水入侵区。海水是由新开河、马坊河、护城河、汤河的河谷覆盖层风化岩及基岩裂隙入侵到市区的，面积约23平方千米。海水侵入内陆最大距离可达6.5千米，已经影响到人、畜饮水和工农业生产的正常发展。

四、土壤与耕地

河北省高原、山地、平原、滨海兼备，境内热量、水分、植被分布差异显著，地质情况复杂，耕作历史悠久。成土条件的差异性决定了成土作用的多样性。全省成土作用表现为：腐殖化；钙化与脱钙；黏化、潜育化；盐化和碱化；熟化与退化。全省土壤包括21个土类、55个亚类。

河北土壤优势在于土壤类型较多，平原土壤和宜农土壤比例较大，土壤质地和土壤酸碱度比较适中，土壤钾素比较丰富。平原土壤占全省面积的36%，宜于种植业的土壤占全省面积的43%，壤质土壤占全省面积的60.2%。土壤pH值为6.5～7.5的占32.1%，pH值为7.5～8.5的占56.4%，适宜作物生长发育。速效钾平均值143毫克/千克，在全国居于较高水平。

河北土壤具备上述有利条件，同时存在一系列障碍因素：

1．部分土壤营养元素短缺

农田土壤有机质含量低于 1%的占 46.1%；全氮低于 0.075%的占 65.6%；速效磷低于 5 毫克/千克的占 58.8%；有效锌低于 0.5 毫克/千克的占 74.7%；有效锰低于 5 毫克/千克的占 57.3%，有效硼低于 0.5 毫克/千克的占 58.7%；有效钼低于 0.15 毫克/千克的占 61.6%；有效铁低于 4.5 毫克/千克的占 20.9%。全省三分之二以上农田土壤短缺一种或多种营养元素。

2．部分土壤质地不佳

沙质和砾质土壤占 6.5%；夹有漏沙层、砾石层、砂姜层、钙积层等障碍层次的土壤占 5.4%；黏重板结土壤占 3.4%。全省六分之一农田土壤物理性状不良。

3．部分土壤盐化碱化

农田土壤 8.2%存在不同程度的盐化碱化危害。

4．部分土壤钙质偏高

土壤含碳酸钙 3%～5%的占 19.2%，含碳酸钙 15%的占 8.5%。上述碳酸钙含量高的土壤，磷肥锌肥铁肥易被固定，从而增加肥料的需求和耗损。

5．部分土壤水肥条件较差

干旱缺水农田占 50.8%，易涝农田占 0.7%。

6. 部分土壤生态状况不佳

全省土壤侵蚀面积占26.3%，风蚀沙化面积占0.6%，土壤污染点占4.3%～5.9%，还有风、霜、冻、雹等气象灾害。

7. 农田土壤数量问题严峻

现有荒地可供改良垦殖的面积有限，难以弥补非农业占用农田面积。

截至2005年年末，河北省实有耕地总资源639.62万公顷，占全省国土面积的35.3%，人均耕地0.1公顷，低于全国人均水平。2005年内增加耕地数量0.81万公顷，年内耕地减少数量5.34万公顷。耕地面积减少趋势仍未得到控制。

在河北省2005年增加的耕地中，新开荒土地0.44万公顷、园地改为耕地0.09万公顷，占全省耕地的0.13%；减少耕地中国家基础建设占地0.48万公顷、其他基础建设占地0.22万公顷、退耕还林还草占地4.47万公顷、耕地改为园地0.07万公顷、其他原因占地0.1万公顷，占全省耕地面积的0.83%。

全省耕地资源中，常用耕地面积为598.89万公顷，其中水田为10.39万公顷，占总耕地的1.6%，水浇地444.38万公顷，占总耕地面积的69.47%；临时性耕地面积为40.73万公顷（其中25°以上陡坡耕地6.01万公顷），占总耕地面积的6.37%。2005年全省施用化肥总量折纯为303.39万吨；农药使用量为80755吨；农用塑料薄膜使用量为111667吨，其中地膜使用量63636吨，地膜覆盖面积达112.501万公顷，农药、化肥、农膜的使用量逐年上升。大量及不合理地使用农药、化肥、农膜等农业投入品，造成土地肥力下降，土壤质量退化，部分地方农业环境污染问题突出，农产品质量不安全因素增加。

到2005年年底，全省共有244668公顷未利用地，其中干裸沙滩16642公顷，重盐碱地13061公顷，裸岩214965公顷。

由于河北省水资源匮乏，农用水资源严重短缺，造成部分地区农民使用污水灌溉农田。据农业部门内部统计，全省污水灌溉面积为52 356.67公顷，累计废耕农田面积94.13公顷。2005年农业污染事故35起，污染耕地面积2 121.5公顷，造成农产品产量损失23 621.25吨，损失金额达676.6万元。

五、动植物与生态

河北省的生物资源比较丰富。现知陆栖（包括两栖）脊椎动物530余种，约占全国同类动物种类的29.0%，其中兽类80余种，约占全国的20.3%；鸟类420余种，约占全国的36.1%；爬行类、两栖类分别有19种和10种。全省拥有国家和省重点保护动物137种。在野生动物资源中，有不少全国珍贵、稀有种类，如鸟类中褐马鸡是河北特有，世界珍禽，为国家一类保护动物，其他珍稀动物还有白冠长尾雉、天鹅、猕猴、金钱豹、青羊黄羊、白鼬等。

河北省为了保护野生动植物资源和自然环境，已建立了雾灵山、小五台山等16个自然保护区。保护区类型也突破了单一的森林和野生动物类型，新增了内陆湖泊，沿海滩涂等湿地类型，全省80%的陆地生态系统和65%的野生动物种群和高等植物群落得到有效保护。河北省特有的珍禽褐马鸡已由1 000只繁殖到3 000多只，栖息地不断扩大。省内现有家畜家禽约100多个品种，其中张北马、阳原驴、草原红牛、武安羊、冀南牛、深州猪等均为驰名省内外的优良品种。

河北省水产资源丰富。河北省面临渤海，有广阔的海面和海岸滩涂，可供养殖的海水面积有93万亩[①]，仅次于福建、山东，居全国第3位，全省有不少湖泊洼淀，面积4 156平方千米，占地表总面积的2%，淡水面积120万亩。淡水中盛产草鱼、鲢鱼、鳙鱼、鲤鱼、鲫鱼、鲂鱼、

① 1亩=1/15公顷。

黑鱼、鳝鱼、虾、蟹等。坝上的细鳞鱼，沽源的鲫鱼，秦皇岛的香鱼、文昌鱼，白洋淀的鳜鱼、桂鱼，都很有名。沿海鱼类主要有：带鱼、黄花鱼、梭鱼、比目鱼、偏口鱼、鲆鱼、鲳鱼、面条鱼、墨鱼等 110 多种。有虾类 20 多种，其中琵琶虾产量最大，对虾驰名国内外。蟹类有 10 多种，也很有名。贝类有文蛤、青蛤、蛏、牡蛎、蚶等。藻类有紫菜、石花菜等。还有海参。

河北省地处暖温带与温带的交接区，植被结构复杂，种类繁多，是中国植被资源比较丰富的省区之一。据初步统计植物有 204 科、940 属，3 000 多种。其中蕨类植物 21 科，占全国的 40.4%；裸子植物 7 科，占全国的 70%；被子植物 144 科，占全国的 49.5%。其中国家重点保护植物有野大豆、水曲柳、黄檗、紫椴、珊瑚菜等。主要栽培作物：粮食作物有小麦、玉米、谷子、水稻、高粱、豆类等，经济作物有棉花、油料、麻类等，木本植物 500 多种，包括用材树 100 多种，驰名中外的树种有青杨、香椿、栓皮栎等；经济价值较高的树种有云杉、油松、柏树、华北落叶松、榆、椴、槐、杨、青檀、白楸及桦木材类等；特种经济树种漆树、杜仲、泡桐、黄连木等也有分布。全省的果树有百余种，干果主要有板栗、核桃、柿子、红枣及花椒等，板栗产量占全国总产量的 1/4，居全国第一；鲜果主要有梨、苹果、红果、杏、桃、葡萄、杏及石榴等，梨的产量居全国第一，野果如猕猴桃、酸枣、榛子、山杏、山葡萄等也有一定产量。河北省果品拥有许多著名产品，如赵县雪花梨，深州蜜桃，宣化葡萄，昌黎苹果，沧州金丝小枣，阜平、赞皇大枣，迁西板栗，卢龙露仁核桃等畅销国内外。灌木的种类很多，分布较广，有些野果及药材也属灌木，草本植物的种类也很多，仅坝上地区即有 300 多种，包括不少优良牧草，如禾本科的羊草、无芒麦草、冰草，豆科的紫花苜蓿，山野豌豆等。药用植物已被利用的有 800 多种，主要有葛藤、甘草、麻黄、大黄、党参、枸杞、枣仁、柴胡、防风、知母、白芷、远志、桔梗、薄荷及黄芩等，其中一些药材常大量出口。

第三节 社会经济概况

一、人口及分布

（一）人口

河北省认真贯彻落实控制人口增长、提高人口素质的人口政策，人口总量保持着稳定增长的态势，低生育水平持续稳定，城镇化水平进一步提高，老龄化进程加快，人口受教育程度进一步提高，家庭户规模继续缩小，为全省经济又好又快发展创造了宽松的人口环境。

2009 年 3 月 31 日，河北省常住人口达到 7000 万人。全年出生人口 90.8 万人，出生率为 13.04‰；死亡人口 45.2 万人，死亡率为 6.49‰；净增人口 45.6 万人，自然增长率为 6.55‰。

（二）民族分布

河北省是杂散居少数民族人口较多的省份，除汉族外，还有满族、回族、蒙古族、壮族、朝鲜族、苗族、土家族等 53 个少数民族（缺塔塔尔族和德昂族），少数民族人口约占总人口数的 4%。

河北省依据《中华人民共和国宪法》，实行民族区域自治，现有 6 个少数民族自治县，河北省承德市围场满族蒙古族自治县、丰宁满族自治县、宽城满族自治县，沧州市孟村回族自治县，廊坊市大厂回族自治县，秦皇岛市青龙满族自治县。还有 54 个民族乡。少数民族中，满族、回族、蒙古族、朝鲜族为世居民族，人口较多。

满族，大部居于承德市各县和青龙满族自治县、遵化县、易县，万人以上的县（市、区）19 个。回族，全省各县（市、区）几乎都有回族人居住，万人以上的县（市、区）14 个。蒙古族，是最早居于河北的少数民族，主要居住于承德、张家口市，万人以上的县4个。朝鲜族，抚宁县等地有8个聚居村或杂居村。其他49个少数民族，约一半在农村，一半在城镇，他们大多是新中国成立后，因工作调动，毕业分配、军人转业及婚姻关系到河北的。

二、经济发展及产业结构

（一）农业

河北是我国重要粮棉产区，也是我国重要产棉基地。经济作物以棉花为主，石家庄以南各县出产集中，素称“冀南棉海”。此外，油料、麻类、甜菜、烟叶也很重要，与棉花合为河北省五大经济作物。畜牧业是河北省仅次于耕作业的重要农业部门。河北还是我国重要渔区之一，以沿海渔业为主，秦皇岛是主要中心。河北省还盛产栗、杏、柿、梨、枣、葡萄等果品。

由于各地的农业自然条件、经济条件、生产发展存在明显的地域差异，河北省大致可分为7个农业区：坝上高原牧农林区、山地丘陵林牧农区、燕山山麓平原农区、太行山山麓平原农区、低平原农区、滨海平原农牧区、海洋水产区。

（二）林业

河北省地处京津周围，地跨温带和暖温带，属温带和暖温带大陆性季风气候，雨热同季，四季分明，年降水量340～800毫米。全省境内高原、山地、平原三大地貌类型齐全，土地总面积18.7万平方千米，占全国总面积的1.96%。辖11个市、138个县市，总人口为6674万人。河北林业是一个集林业、果树、花卉、蚕桑、林产加工、森林旅游为一体的综合行业。到2005年年底，全省林业用地面积为8581364公顷（12872万亩），占全省总土地面积的45.72%。有林地面积为4341258

公顷（6 512 万亩），森林覆盖率为 23.25%，活立木总蓄积量为 10 226 万立方米。2006 年，林业产业总产值达 483 亿元。

河北省是果树生产大省，现有果树面积 2 300 多万亩，果品年产量 90 多亿公斤，面积和产量均居全国第二位，其中梨、红枣、板栗、柿子、杏扁产量居全国第一位。河北省还是人造板生产大省，全省现有速生丰产林和工业原料林 500 多万亩，人造板企业 2 550 家，人造板年产量 1 100 多万立方米，生产规模位居全国前列。全省现有花卉面积 32 万亩。全省初步建成了“五片两带”外向型果品基地及六大速生丰产林和工业原料林基地；重点培育了保定天丰、辛集天华、泊头东方、冀州华林、衡水金光、曲周赛博等 20 多个流通型、加工型林果龙头企业；着力打造了文安、正定等四大人造板加工企业集群。花卉、种苗、蚕桑、森林旅游、野生动物养殖等产业也得到快速发展。据不完全统计，全省靠林果及相关产业人均收入 3 000 元以上的村 1 200 多个，通过发展林果业实现小康的人口占农业总人口的近 1/5。

（三）工业

河北省 20 世纪 50 年代前工业基础薄弱。现已建成初具规模的工业基础，轻重工业发展较协调。全省已基本形成以煤炭、纺织、冶金、建材、化工、机械、电子、石油、轻工、医药等十大产业为主体，布局基本合理的资源加加工结合型工业经济结构。

目前河北省已与世界 170 个国家和地区建立了经贸关系，省市级友好城市已达 75 对。到 2008 年年底，全省实际利用外资累计达到 1 000 多亿美元，共建成投产“三资”企业 9 728 家，2008 年实现外贸出口 300 亿美元。外商投资的项目涉及能源、交通、通信、原材料、轻纺、机械、电子、服装、公用事业、房地产等领域。外商来自 100 多个国家和地区，其中有 90 多家国际著名大公司。河北已在中国轻工业生产中占有很重要的地位，目前很多原料都可在河北加工。

1. 能源工业

① 煤炭工业。在国内最早使用机械采煤。现为中国主要产煤省区之一。北中煤炭基地是国家发改委批准的全国重点建设的 13 个大型煤炭基地之一，2007 年产量在全国 26 个产煤省市区中排列第十位。河北省煤炭资源以稀缺炼焦煤为主，2007 年全省煤炭产量完成 8 389.88 万吨。

② 石油工业。河北平原蕴藏有石油资源，通过收集分析冀东、渤海和大港 3 大油田有关地质油气勘探资料，河北省海洋油气资源地质远景储量为石油 25 亿吨、天然气 2 385 亿立方米。分布在任丘、霸县、雁翎一带的华北油田，于 20 世纪 70 年代中期勘探建成。通过输油管将原油运至北京、沧州等地，并部分出口。石油加工工业主要分布在沧州、保定、石家庄等地。

③ 风能资源，风电产业。河北风能资源储量在 7 400 万千瓦以上，技术开发量在 1 700 万千瓦左右。

新能源风电产业发展势头良好。河北具备区位优势，张家口、承德和秦皇岛、唐山、沧州沿海地区以及太行山、燕山山区等地都有丰富的风资源。同时，背靠华北电网负荷中心，有良好的电网构架。在风电集中的张家口和承德，地势平坦，有利于风机的安装和运行。2007 年，河北风电的装机容量在全国居第二位。

④ 太阳能工业。河北省的保定市，在打造“中国电谷”的基础上，又提出了“太阳能之城”的概念，在全国示范推行太阳能综合利用技术。一座 90 千瓦的太阳能发电综合利用并网示范电站已开工建设，配有 1.5 兆瓦太阳能发电站的锦江电谷大厦主体竣工。

由于新能源产业优势的凸显，保定市被科技部认定为全国唯一的国家可再生能源产业化基地、国家太阳能综合应用科技示范城市，被国家发改委授予新能源产业国家高新技术产业基地，还被世界自然基金会确定为全球 50 个低碳城市发展项目试点之一。

2. 冶金工业

河北省是中国冶金工业的重要基地之一，2007 年全省主要冶金产品产量：生铁 1.05 亿吨、粗钢 1.07 亿吨、钢材 1.05 亿吨、铁矿石 3.10 亿吨、焦炭 3938.9 万吨、10 种有色金属 5528 吨、铝材 18 万吨。其中，铁矿石、生铁、粗钢及钢材产量在全国各省市自治区中断续保持第一的位次。

3. 机械工业

机械工业是河北省的支柱产业之一，发展较快，在工业总产值中所占比重提高，按产品类型和服务领域可分为 17 个分行业。主要有电工电器分行业、汽车分行业、石油化工通用机械分行业、重型矿山机械分行业、金属结构制造分行业等。电工电器分行业、汽车分行业在河北省机械行业中占主导地位。骨干企业有：保定天威集团有限公司、保定天威英利新能源有限公司、长城汽车股份有限公司、河北长安汽车有限公司、戴卡轮毂制造有限公司、风帆股份有限公司、河北凌动工业集团有限公司等，这些企业年销售收入都达到 20 亿元以上。

2007 年，河北省机械工业经统计共有 2619 家企业，职工 54.7 万人，总资产 1907.78 亿元，全年完成工业总产值 2467.24 亿元。河北省机械工业自 2004 年以来已连续 4 年保持 30%以上的增长速度。2007 年全省机械工业总产值占全省工业总产值的 13%，在全国机械工业中排名第 12 位。

4. 化学工业

河北省化学工业拥有基本化工原料、有机化工、农用化工、橡胶制品、精细化工、化工机械、无机化工等十多个行业。精细化工、石油化工、生物化工和合成材料是河北化工的重点发展行业。碳酸钡、润滑脂、纯碱、化肥、电石、涂料、感光材料等十余种产品产量居全国前列。河北省化工行业出口贸易活跃，行业增长较为明显，2007年共实现工业增加值230.09亿元，累计增长15.75%；主营业务收入达到884.45亿元。

染料和涂料是河北精细化工的骨干产品，较大的企业有石家庄金鱼涂料集团公司。廊坊红黄兰化工集团是中国国内最大的涂料生产基地。河北省保定建有中国最大的感光材料基地——中国乐凯胶片公司，生产的黑白、彩色电影胶片的产量占中国的1/2。

5. 建材工业

建材工业是河北省的十大主导产业之一。河北省的建材工业共有10多个分行业，其中水泥行业是全省建材行业中最重要的分行业，其工业总产值占全行业工业总产值的40.8%。2007年，河北省建材工业完成工业总产值828亿元，完成工业增加值261亿元。

河北省是全国第一平板玻璃生产大省，产品广泛销往全国各地。河北省的卫生陶瓷产品产量在全国排名第二位，而且在全国十强卫生陶瓷生产企业中河北省占据三席。

6. 医药制造业

河北省医药制造业形成以生产化学原料药为基础，包括化学医药、中成药、中药材加工、医疗器械、卫生材料等行业的医药工业体系。基因工程乙肝疫苗、GM-CSF等生物技术药物的投产，标志着河北省在现代生物技术药物领域已占据一席之地。

2007年河北省共有规模以上医药工业企业182家，其中化学药品工业企业81家，中药工业企业60家，医疗器械生产企业12家，其他企业29家。2007年，全省规模以上医药工业企业完成主营业务收入295.24亿元，主营业务收入居全国第七位，出口交货值居全国第六位。

7. 纺织工业

河北省纺织行业涵盖棉纺织、毛纺织、麻纺织、丝绸、针织、色织、印染、化纤、家用纺织品、产业用纺织品、服装、纺织机械器材等十多个产业门类。纺织工业总产值、销售收入、利润、税金等主要经济指标和纱、布、印染布、绒线、服装等主要产品产量多年来均居全国前十位，为全省十大主导产业之一。据统计，截至 2007 年年底共有 999 家规模以上企业。

全省纺织工业结构调整步伐加快。保定天鹅股份公司、石家庄常山股份公司 A 股成功上市，承德帝贤针纺集团实现了 B 股上市。全省 10 余家纺织企业通过兼并、联合，组建了 6 个大集团，壮大了企业实力。有 7 家大中型企业和一批县级小型企业实现了国退民进、产权出让及股份制改造。民营纺织企业近年来得到较快发展。清河、蠡县、高阳、容城、宁晋、承德纺织六强县实力进一步增强。

截至 2007 年，河北省服装行业生产企业达到 4 000 余家，从业职工 50 多万人，服装总产量约 15 亿件，位居全国第八位。

河北省的服装生产企业主要集中在中南部，在邯郸市区，主要企业有雪驰集团等。磁县是童装生产基地，2006 年被中国纺织工业协会确定为第四批纺织特色城（镇）产业集群试点地区，授予“中国童装加工名城”称号。邢台市的清河县是全国最大的羊绒加工基地。辛集是我国最大的羊皮制革及羊皮服装生产基地和交易中心，“东明”、“依鹿奇”等著名品牌皮装远销俄罗斯、日本、欧美等 10 多个国家和地区。

8. 电子信息产业

河北省地方电子工业的发展起步于 20 世纪 50 年代，至“七五”期间依靠技术引进、技术改造、基础建设促进了全行业的快速发展。据统计，到 2007 年年底，全省电子信息产业企业达到 411 家，年末从业人数 9.8 万人，总资产 542.2 亿元。2007 年完成主营业务收入 400.7 亿元。

2007 年，河北省 27 家重点企业进入 2007 年度中国企业信息化 500 强，52 个项目列入国家信息技术应用“倍增计划”。

9. 轻工业

河北省的轻工业包括 19 个大类，72 个中类，137 个小类。截至 2007 年，河北省轻工业已连续五年保持了平稳快速的增长态势，全省轻工行业主营业务收入 500 万元以上企业达到 2849 家，职工 60 余万人，总资产近 1500 亿元。

2007 年，河北省轻工业实现总产值 2754.21 亿元，居全国第八位；实现出口交货值 205.49 亿元，居全国第九位。“华龙”、“露露”两大名牌已连续多年荣登中国 500 最具价值品牌排行榜。

（四）交通运输

河北省背倚山地、高原，面向海洋，为中国近代交通运输业发展较早地区之一，是首都北京连接全国各地的交通枢纽。经过多年的建设与发展，河北省已形成了陆、海、空综合交通运输网。

1. 铁路

铁路是河北交通运输网的主体。改革开放 30 年来，河北省努力构建南北顺畅东西贯通的铁路交通发展格局，铁路营业里程已达 5100 千米，铁路网密度居关内各省（区）之首。境内有 25 条主要干线铁路通过，铁路货物周转量居全国内陆省份第 1 位。有石家庄、山海关等枢纽车站。京广、京沪、京通等铁路纵贯南北，京沈、京包、石德、石太等铁路横贯东西，还有京承、锦承、丰沙、邯长等铁路和干线相接，将全省各地、市紧密联系。河北省是东北地区与关内各地联系的陆路通道，因此中转过境运输所占比重很大，2007 年，铁路运输完成客运量 6238 万人，旅客周转量 595.48 亿人千米、货运量 2.09 亿吨、货物周转量 2581.86 亿吨千米。

地方铁路发展态势良好。截至 2008 年年底，地方铁路延展里程达到 1605.35 千米，比 2007 年增加 82.66 千米。全省航线密度不断加大，初步形成以石家庄为中心，辐射全国各大城市的航线网络。地方铁路与干线相接，伸向山区、工矿区和农村。以运输煤炭、矿石、粮食和沙石料为主，起集散物资作用。主要营业线路为秦山线、滦港线、沙蔚线、大宋线、沧黄线、虎丰线、沙水线、承滦线、开滦矿区铁路、峰峰矿区铁路、石钢专用铁路等，直接支持并保障着京唐港、黄骅港、西柏坡电厂、陡河电厂、马头电厂、开滦集团、峰峰集团、首钢矿业公司、承钢、石钢、耀华玻璃集团等重点企业的能源集散、生产资料及产成品运输，对促进区域经济和社会发展起着积极的推动作用。

2. 公路

2008 年，河北省公路总里程 14.95 万千米，比 2007 年增加 0.22 万千米，增长 1.5%。公路网密度达每百平方千米 79.65 千米，每百平方千米比 2007 年增加 1.19 千米。至 2008 年年底，全省高速公路通车总里程突破 3000 千米，达到 3234 千米，高速公路密度达到每百平方千米 1.7 千米；全省一般干线公路通车里程达到 1.6 万千米；农村公路里程 9253 千米，惠及沿线 3542 个行政村，实现了全省 97%的行政村通油（水泥）路。

2008 年，河北省民用车辆拥有量达到 1048.9 万辆。其中民用汽车 388.62 万辆，在民用汽车中，载客汽车突破 200 万辆，达到 219.99 万辆，载货汽车 79.92 万辆，其他汽车（含三轮汽车、低速货车）88.71 万辆。全省营运汽车 114.49 万辆，私人轿车 108.74 万辆，出租车达到 5.73 万辆。

2008 年，全省公路运输完成客运量 8.77 亿人，旅客周转量 597.47

亿人千米，货运量 8.45 亿吨，货运周转量 890.96 亿吨千米。公路运输的旅客运输量、旅客周转量、货物运输量、货物周转量分别占全省的 92.8%、48.3%、75.9%和 17.1%。

3. 航空

2008 年，河北省民用航空航线达 40 条，比 2007 年增加 5 条。其中，石家庄机场运营航线 29 条，秦皇岛机场 4 条，邯郸机场 7 条。全省民用航空航线里程达 7.8 万千米，比 2007 年增加 1.04 万千米，增长 15.3%。以石家庄机场为中心，开通了至日本、韩国、东南亚国家及俄罗斯等国际航线，逐步发展成为中国北方重要的航空枢纽和国际航空货运中转基地。北京首都机场、天津国际机场也可为河北利用。

2008 年，河北航空机场完成旅客吞吐量 117.03 万人、旅客离港量 59.39 万人，分别比上 2007 年增长 30.1%和 21.6%。全省航空机场货物吞吐量 1.56 万吨、货物离港量 0.98 万吨，分别比 2007 年增长 30%和 27.3%。

4. 水运

河北海运条件十分便利，是河北省对外联系中仅次于铁路的重要运输方式。自南向北，有沧州黄骅港、秦皇岛港、唐山京唐港区及唐山港曹妃甸港区等较大出海口岸。2007 年，河北省港口完成吞吐量 39961 万吨，位居全国沿海省份第六，占全国海港港口吞吐总量的 10.2%。秦皇岛港年吞吐能力 2 亿吨，是中国大陆第二大港；唐山港京唐港区已形成 2 亿吨吞吐能力，唐山港曹妃甸港区已达到 3 亿吨，沧州黄骅港年吞吐量也超过 1 亿吨。

① 秦皇岛港是我国重要的对外贸易口岸，是目前世界最大的煤炭输出港和散货港，始建于 1898 年，是我国清代光绪皇帝御批的唯一自开口岸。

港口自然条件优良，港阔水深，风平浪小，一年四季不冻不淤。港口共有 11.59 千米海岸线，水域面积 226.9 平方千米。

港口有着便利的集疏港条件。京山、沈山、京秦、大秦四条铁路干线直达港口，京沈高速公路、102 国道、205 国道、秦承公路与疏港路相连。港口建有 170 多千米的自有铁路，有国内较先进的机车和编组场。先后修建了 5 座立交桥，改建扩建了港区公路，形成铁路、公路、管道、船载、空运等循环合理的港口集疏运网络。港口有 10 万吨级航道和先进的通信导航系统，利用全球定位系统（GPS）技术，保证超大型船舶在狭长航道安全通行。

港口经济腹地辽阔，是中国华东、华南经济发达地区主要能源供给港，也是东北、华北两大经济区域的大型商贸港。港口进出口货类主要为煤炭、石油、矿石、化肥、粮食、水泥、饲料等。

港口目前拥有全国最大的自动化煤炭装卸码头和设备较为先进的原油、杂货与集装箱码头。共有生产泊位 45 个，港口设计年通过能力 2.23 亿吨，其中，煤炭设计年通过能力 1.93 亿吨。下水煤炭、出口煤炭均占全国沿海港口下水总量的 40%以上，是中国北煤南运的主要通道。

② 京唐港（原名唐山港）位于唐山市东南 80 千米处的唐山海港开发区境内，渤海湾北岸。陆上距北京市 230 千米，海上距上海港 669 海里，香港 1360 海里，日本长崎港 680 海里，韩国仁川港 400 海里。其位于环渤海经济圈中心地带，是大北京战略的重要组成部分，是国家确定的沿海重要港口，是河北省一号工程，是唐山市以港兴市对外开放的龙头项目。

早在 1919 年，孙中山先生在《建国方略》中就提出要在此地建设“与纽约等大”、“为世界贸易之通路”的“北方大港”。

京唐港地处京津唐一级经济区网络之中，环渤海经济圈的中心地带，国家重点开放开发地区。其地理位置正是沟通华北、东北和西北地区的最近出海口，背靠北京、天津、唐山、承德、张家口等 20 座工业城市，占据华北与东北的交通咽喉地带，上能同京九铁路、京沪铁路、京广铁路交通大动脉相连，下能同京哈铁路、京承铁路、京包铁路欧亚大通道相连。腹地广阔，货源充足，交通便捷。直接经济腹地唐山是中国重要的能源、原材料基地和多种农副产品富集地区，已形成煤炭、钢铁、电力、建材、机械、化工、陶瓷、纺织、造纸、食品十大支柱产业，又是沟通东北及华北的商品集散地和运输要道，每年有大量的内外运货物。间接经济腹地可覆盖河北、北京、山西、宁夏、内蒙古和陕西等地。

③ 黄骅港开发区位于渤海湾弓顶处，是河北省省级经济技术开发区，成立于 1992 年。

黄骅港开发区的发展方向是建成东北亚乃至世界知名的能源输出大港，并尽快发展成综合大港；建成我国东部地区节水型临海产业体系示范基地；建成立足河北，依托京津，服务晋陕蒙等中西部地区重要的现代物流中心；建成华北电网的强力支撑点和环渤海地区由石油化工向煤炭化工逐步转型的主要接替区；建成河北省区域经济发展的新增长点和“两环”开放带动战略的重点实施区域。

④ 曹妃甸港区位于唐山市南部 70 千米南堡地区曹妃甸岛，东距京唐港 33 海里，距北京约 230 千米，距青岛约 870 千米、北伦港约 1 300 千米，距大连港约 300 千米。港区自然条件非常好，岛前西南及南侧水深条件良好，距岸 600 米处即为渤海湾主潮流通道的深槽海域。

曹妃甸疏运条件便捷。疏港铁路可与京山、京秦、大秦三条国铁干线相连。公路疏运，境内相互连接的京沈、唐津、唐港三条高速公路沟通全国高速公路网，并辅以 11 条国道和省道。可直接向华北地区用户供应进口铁矿，节约铁路往返运输费用。水路疏运方面，曹妃甸港区位于环渤海港口群体中间地带，至各港距离适中，水上中转运输条件便利。在环渤海经济圈内，曹妃甸港区经济腹地直接面向京津冀经济区，而且可延伸至西北地区。经济区位条件优越。在环渤海和东部沿海深水港布局上位置适中。

5．邮政、电信

河北省邮政形成了网点密布、业务种类齐全，具有多种运输手段的，覆盖全省、联通世界的公用邮政网。

2006年年底，河北省邮政局（所）达1986处，其中农村局（所）达到1244处，农村较大支局窗口全部实现电子化。邮政储蓄网点达到1252处，邮路总长度达4.6万单程千米，其中汽车邮路长度达到4.3万千米，占总长度的93%。邮政汽车达2771辆，拥有火车邮厢3辆，信函分类理信机和分拣机各2台。可与世界200多个国家和地区及国内1984个市县互寄国际、国内特快专递邮件。

2006年，河北省完成了邮政储蓄与电子汇兑两网互通工程，实现了邮政储汇业务的优势互补，建成了邮政绿卡中间业务平台，开办了代收话费、水电费，代发工资、养老金，代理保险等20多种业务。

河北邮政正向运输机械化、处理自动化、营业电子化、信息服务网络化方向迈进。2006年，河北邮政着力推进数据库营销和账单业务、邮政贺卡等函件业务，2006年完成22444万件，实现函件收入1.93亿元；下大力量发展报刊零售业务，2006年订销报刊累计达到65249万份，实现收入2633万元；集邮专业重点开发定向邮品、个性化邮票，同时精心组织邮票首发式、新邮预订、集邮展览等业务，集邮业务完成3750万枚。速递专业拓展县级区域和国际市场，完成特快专递1023.4万件，实现收入2.99亿元；邮政储蓄不断优化业务结构，2006年实现储蓄收入14.4亿元；物流专业、汇兑专业、代理保险业务等积极采取措施，实现了收入的快速增长。

河北省的电信市场也逐步从垄断走向竞争，截至2006年年底，在基础电信领域，河北省共有中国网通集团河北省分公司、河北移动通信有限责任公司、中国联通河北分公司、中国铁通河北分公司、河北省电信分公司、中国卫通河北分公司等六家电信运营企业，分别在本地通信、长途通信、移动通信和数据通信等电信业务中展开竞争与合作。在增值电信领域，全省共有1249家增值电信业务经营单位（省内466家，跨省备案783家），非经营性互联网信息服务（ICP）已备案登记的有56016个，全省电信行业从业人员已经超过15万人。

河北省已形成一个包括光缆、数字微波、卫星通信、程控交换、移动通信、数据通信、计算机互联网和可视会议电话等现代化通信设施手段，联通全国乃至世界的现代通信网。全市从城市到农村普遍实现了电话交换程控化、传输数字化。IC卡电话、200、300、800、168、语音信箱、可视电话会议等增值业务迅速发展，可满足不同用户的多方面需求。

6．管道

管道运输是一种较为特殊的运输方式，目前我国采用管道运输的主要是石油和天然气。2008年，河北省输油管道线路比2007年增加1条，达到6条。输油里程896.71千米，比2007年增加367.28千米，增长69.4%。2008年，管道完成货运量1326.16万吨，货物周转量25.38亿吨千米，比2007年增长3.3%和3%。

1973年9月铁秦输油管道的建成投产，成为河北省管道运输发展的开端。以后，随着华北油田和大港油田的开发及秦皇岛输油码头的落成，输气管道也得到了发展，确保了油气的及时运输。管道运输已成为河北综合运输体系的一个重要组成部分。

三、自然资源分布和利用

（一）矿产资源

1. 矿产资源的分布

河北省成矿地质条件优越，矿产资源比较丰富。至2007年已发现各类矿种153种，有查明资源储量的122种，排在全国前5位的矿产有38种。大宗矿产如煤、铁、石油（天然气）、金、各种石灰岩等为河北省优势矿产。河北省的煤炭品种较齐全，以炼焦用煤为主，集中分布在唐山、邯郸、邢台、张家口等地；铁矿以贫矿为主，但易采、易选，尤其是冀东和邯郸、邢台地区，储量大，并且与冶金辅助原料组合良好；石油、天然气资源主要分布在河北平原的中部和东部以及冀东沿海地区；石灰岩矿产资源丰富，种类多，质量好。

2. 矿产资源开发利用

河北省是矿业开采活动比较活跃的省份，截至2007年，已探明储量的矿产地1125处，其中大中型矿产地470处，占44.78%。全省已开发利用矿产地813处，现有各类矿山企业5433家，从业人数36.7万人，年开采矿石总量近3.68亿吨，采掘业年产值达593.2亿元，形成了以冶金、煤炭、建材、石化为主的矿业经济体系。

河北现已发现非金属矿产106种，其中冶金辅助原料非金属矿产15种，化工原料10种，建筑材料70种，其他非金属矿产11种。共发现非金属矿产地1260处，其中冶金辅助原料类300处，化工原料类172处，建筑材料类737处，其他非金属矿产地51处。主要优势矿产有：熔剂灰岩、电石用灰岩、水泥用灰岩、制碱用灰岩、饰面石材、碎云母、石膏、玻璃用砂岩、冶金用白云岩、沸石等。河北省非金属矿产已开采利用83种，占已发现矿种总数的78.13%。尤以灰岩、白云岩、玻璃原料、饰面石材、碎云母、高岭土和普通萤石等矿产开发利用程度较高。1260处矿产地中，已利用575处，年采矿石量21033亿吨，总产值231116亿元。非金属矿山数及年产矿石量均占全省矿山总数和矿石总量的2/3强，从业人数占1/3强。

非金属矿产的开发利用已初步形成特色产业群，如开平、井陉、峰峰盆地的水泥原料、玻璃原料开发基地；井陉钙镁产业园区；灵寿—行唐碎云母开发基地；承德甲山、肖营子饰面用花岗岩开发基地；徐水—易县板石开发基地；曲阳大理石材开发基地；隆尧石膏开发基地等。

部分产品在国内外市场具竞争优势，如曲阳的汉白玉石材，阜平—平山的“中国黑”板材，承德甲山的“承德兰”花岗石材，徐水、易县、临城的板石均是出口创汇产品，产品供不应求。灵寿—行唐一带的碎云母开发已形成干法、湿法系列产品，大部分出口到日本、美国、德国、韩国等地，该区已成为世界级的碎云母开发基地，沙河瓷土矿也是出口的著名品牌。

非金属矿产品的应用领域不断扩大，如河北省的电石灰岩已成功应用于生产超细活性碳酸钙、白水泥；沸石除作水泥混合材料外，还应用于饲料添加剂、处理三废、改良土壤；白云岩用作低温陶瓷、浮法玻璃的主要配料及饲料添加剂；低品位海泡石用于烧制釉面砖；云母粉用于化妆品、涂料、塑料及造纸等。

加工利用技术不断提高，如饰面石材的产品已从单一的平板加工，发展到异型板、弧面板，超薄板、复合板、石材马赛克等多种产品；井陉钙镁加工业通过技术改造，成功生产出了超细活性碳酸钙；灵寿—行唐碎云母选矿及分级技术经过多年研发，居国内领先地位。

（二）能源资源

1. 化石能源

河北省系全国主要能源供应基地之一，也是全国近代能源工业发展较早的地区，素有“燕赵煤仓”之称。全省煤炭总储量80%以上分布于唐山、邯郸、邢台等地。煤种齐全，以炼焦用煤为主，保有储量 88.48 亿吨，占总保有储量的 60.08%。居全国第五位，其中肥煤储量 41.73 亿吨，占炼焦用煤的 47.16%，位于全国储量的第一位。

石油、天然气资源也比较丰富，油气资源集中分布于渤海沿岸和海域的冀中、大港和冀东油田。截至2008年，石油累计探明储量27亿吨，天然气累计探明储量1800亿立方米。

2．水利资源

河北省可开发利用的水能资源约152万千瓦，占全国水力资源总量的3‰，居全国第23位，但因水势由山区流入平原，具有河床比降变化大，坡陡流急的特点，适于开发小水电。全省有水力资源的县（市）55个，占全国的4%。在某种程度上可弥补全省水力资源分布不平衡、电网又难以进入远山区的被动局面。

3．新能源

在新能源方面，河北省地热资源十分丰富，地热资源分布广泛，主要集中于中南部地区。据河北省地热资源开发研究所统计数据显示，河北省地热资源总量相当于标准煤418.91亿吨，地热资源可采量相当于标准煤93.83亿吨。全省有开发价值的热水点241处，山区92处，平原149处。全省累计开发地热能井点139处。山区热水点水温平均在40～70℃，平原热水点水温最高可达118℃。

风能资源地区分布差距悬殊，因季节变化明显，主要集中于坝上及沿海狭小地区。陆上风能资源总储量7400万千瓦，近海风电场技术可开发量超过200万千瓦。其中坝上地区风能资源储量高达1700万千瓦，建有国家第一个风电示范基地——坝上地区百万千瓦级风电基地。2008年全省新增装机容量50万千瓦，总装机达到110万千瓦，居全国第3位。

太阳能资源在全国处于较丰富地带，仅次于青藏及西北地区，太阳年辐射量为4981～5966兆焦/米^2，年日照时数张家口、承德及沧州东部为2800～3000小时，为全省最大区；邢台、邯郸西部及中部为2500～2600小时，是全省最少的地区；其他大部分地区为2600～2750小时，日照率为 50%～70%。

（三）生物资源

河北省的生物资源比较丰富。现知陆栖（包括两栖）脊椎动物 530 余种，约占全国同类动物种类的 29.0%，其中兽类 80 余种，约占全国的 20.3%；鸟类 420 余种，约占全国的 36.1%；爬行类、两栖类分别有 19 种和 10 种。全省拥有国家和省重点保护动物 137 种。在野生动物资源中，有不少全国珍贵、稀有种类，如鸟类中褐马鸡是河北特有，世界珍禽，为国家一类保护动物，其他珍稀动物还有白冠长尾雉、天鹅、猕猴、金钱豹、青羊黄羊、白鼬等。

河北省为了保护野生动植物资源和自然环境，已建立了雾灵山、小五台山等 16 个自然保护区。保护区类型也突破了单一的森林和野生动物类型，新增了内陆湖泊，沿海滩涂等湿地类型，全省 80%的陆地生态系统和 65%的野生动物种群和高等植物群落得到有效保护。河北省特有的珍禽褐马鸡已由 1 000 只繁殖到 3 000 多只，栖息地不断扩大。

省内现有家畜家禽约 100 多个品种，其中张北马、阳原驴、草原红牛、武安羊、冀南牛、深州猪等均为驰名省内外的优良品种。

全省可供养殖的海水面积 93 万亩，居全国第 3 位。沿海所产鱼类 110 多种。秦皇岛一带所产的头索动物文昌鱼属国家二类保护动物。

河北省地处暖温带与温带的交接区，植被结构复杂、种类繁多，是全国植物资源比较丰富的省区之一。据初步统计有 204 科、3 000 多种。仅坝上地区即有 300 多种，包括不少优良牧草，如禾本科的羊草、无芒麦草、冰草，豆科的紫花苜蓿、山野豌豆等。药用植物已被利用的有 800 多种，较主要的有葛藤、甘草、麻黄、大黄、党参、枸杞、枣仁、柴胡、防风、知母、白芷、远志、桔梗、薄荷及黄芩等。其中一些药材常大量出口。

（四）水资源

1. 水资源的分布

河北省水资源严重不足，人均水资源量 173 立方米，亩均水资源量 129 立方米，人均和亩均水资源量都相当于全国平均值的 1/8，均低于全国水平和相邻省、市、区，且部分山区自产地表水资源量已专供北京、天津两市使用。

全省多年平均降水量为 541 毫米。降水量各地不均，且年际变化较大。多水年份与少水年份降水量相差悬殊。降水量年内分配也很不均匀，全年降水量的 80%集中在 6—9 月。

区域地表水资源量即区域自产地表径流量。河北省自产地表水面积 187693 平方千米，其中海河、滦河流域面积 171624 平方千米，占全省面积的 91.4%；内陆河、辽河流域面积 16069 平方千米，仅占全省面积的 8.6%。全省地表水资源量为 152 亿立方米，其中海河、滦河流域地表水资源量 147 亿立方米；内陆河、辽河流域 5 亿立方米。

外省入境水量主要来源于相邻省区的滦河、永定河、大清河、子牙河及漳卫河水系的上游各支流，多年平均入境水量为 61.6 亿立方米。

河北省地下水资源量为 150 亿立方米，其中平原区水资源量为 90.5 亿立方米，山区 74.3 亿立方米，平原与山区重复计算量为 15.1 亿立方米。

河北省水资源总量为 238 亿立方米，其中海滦河流域多年平均水资源总量为 231 亿立方米，内陆河、辽河流域为 7.95 亿立方米。

地下水资源，全省可利用的淡水资源允许开采量为 120.08 亿米^3/年，其中河北平原 91.68 亿米^3/年，山区 28.40 亿米^3/年；另外，河北平原还有矿化度 2～3 克/升可利用的微咸水 15.36 亿米^3/年。

2. 水资源开发利用

河北低平原又称黑龙港生态区，地处河北省东南部，该区域主要包括衡水和沧州的全部、邢台 8 个县、邯郸 4 个县、保定 4 个县和廊坊 2 个县，共计 44 个县市，是河北省重要的粮棉油生产基地之一，其气候干旱少雨，年降雨量仅 509 毫米，时空分布不均，而年蒸散量高达 1 200 毫米；外来地表水很少，地下淡水资源也十分匮乏，人均和单位面积水量分别为 282 立方米和 2 500 米^3/公顷，不及全国平均数的 1/7 和 1/9，水资源与人口、耕地组合极不平衡，使该地区成为我国最缺水的地区。

河北省近 20 年的经济发展用水主要是靠加大地下水的超采量来维持，至 2000 年年底，已累计超采浅层水 23 916 亿立方米、深层水 29 316 亿立方米，合计 53 312 亿立方米，占全省平原区超采量的 53.15%左右。

地下水超采已造成了严重的生态问题和地质灾害。随着深层水的开采，地下水位平均每年以 1～2 米的速度下降，形成了众多的地下水下降“漏斗”，部分地区含水层被疏干。2000 年沧州“漏斗”中心水位埋深达 95.17 米，冀枣衡“漏斗”中心水位埋深 85.77 米，面积分别达 4 000 平方千米和 2 800 平方千米，并且正在逐年扩大。全省深、浅层地下水“漏斗”总面积在 4 万平方千米左右，形成了大面积的地下水下降“漏斗群”；海水入侵与咸水下移，因深层地下淡水水位急剧下降，与上覆咸水形成了 40～80 米的水位差，加之凿井开采深层水，使上层咸水与下层淡水局部连通，造成咸水界面下移，并入侵深层淡水，使深层淡水局部遭到水质破坏；整体生态环境趋于干化，浅层地下水位普遍降低，加重了地表河流、水体干涸进程，造成湿地面积减少。

（五）海洋资源

河北省东临渤海，海岸线位于辽东湾和渤海湾内，长 421 千米。北部岸段长 325.7 千米，南部岸段长 95.3 千米，中间是天津岸段。河北沿海邻近京津，北接东北老工业区，南连华东经济发达地区，具有区位优势。

河北海岸包括基岩海岸、沙质海岸和淤泥质海岸。主要由变质岩组成的基岩海岸分布在饮马河以北，该地段岬湾发育，景观奇特。饮马河以南到大清河口为沙质海岸，三角洲、古河道分布广泛。在风力的作用下形成连绵不断的沙丘，有的高达 40 多米，为世界罕见。昌黎黄金海岸是 1990 年被国务院批准建立的国家级海洋类自然保护区。大清河以南是淤泥质海岸，潮间带宽阔，有的地方达 10 多千米，是贝类繁衍生长的良好场所。潮上带地势平坦，保水性好，利于盐业生产。

河北省沿海滩涂总面积为 1 167.9 平方千米，是重要的土地后备资源。20 米等深线以内海域面积 7 623.5 平方千米，是河北省国土的重要组成部分。河北省沿海有海岛 132 个，岛屿岸线长 178 千米。海岛具有数量多，面积小，海拔低，离岸近，冲淤变化大等特点。

河北沿海渔业水域均在 25 米水深范围内，是各种海洋生物栖息的场所。沿岸有大小河流 47 条，年均入海径流量 50 亿立方米以上，饵料生物丰富，基础生产力高，海域海洋生物种类繁多，有 510 种左右，水产动植物资源 160 多种。

河北沿海从乐亭县大清河口至海兴县大口河河口均为海退地，地势平坦，坡降在万分之一左右，不渗漏，适合发展盐田的土地有 200 多万亩。河北盐区降水少而集中，蒸发量大，晒盐条件全国最优。河北海区海水盐度高，海盐以质优著称于世，是享誉世界的长芦盐产地，年产量居全国第一、二位。

河北省沿海北部有着很好的旅游资源，这里具有海洋性气候特征，夏季均比同纬度的内陆地区凉爽。秦皇岛、唐山沿海自然景观奇丽，是山、海、湖、岛、林的组合，具有林幽、滩缓、沙细、潮平、水清的特点，从北到南绵延 100 千米都是发展旅游的“黄金海岸”。秦皇岛市沿海有着古长城、山海关等众多名胜古迹和人文景观，历史价值和知名度高。北戴河被称为夏都，1898 年开辟为滨海避暑地，新崛起的南戴河旅游区也吸引了大批的游人。

河北省沿岸适宜建设大中小港口的港址有十余处。适于开辟大型商港的港址，除秦皇岛外，尚有王滩和大口河港址。从经济发展的远景考虑，还有曹妃甸可选为大型系泊港和超大吨位船舶的货物中转港。曹妃甸是渤海唯一不用开挖航道和港池就具备建设 25 万吨级以上深水泊位的天然港址。秦皇岛港处于基岩岸段岬角突出的海湾内，避风条件好，潮差小，不冻不淤，是天然良港。王滩港址近岸水深，港区平坦开阔、利于建设，腹地经济发达，区位优势明显，大口河港址是北煤南运的最近出海口。现在正在建设中的“京唐港”和“黄骅港”就是在王滩和大口河港址上建立起来的。秦皇岛港、京唐港、黄骅港分别位于秦皇岛、唐山、沧州三市沿海，连同天津塘沽新港，恰是百千米距离，均匀分布，这种布局对河北省沿海城乡和腹地的经济发展是非常有利的。

（六）土地资源

全省土地面积 187693 平方千米，其中山地 70194 平方千米，占 37.40%；高原 24343 平方千米，占 12.97%；丘陵 9068 平方千米，占 4.83%；平原 57223 平方千米，占 30.49%；盆地 22709 平方千米，占 12.10%；湖泊洼淀 4156 平方千米，占 2.21%。

河北土壤类型多样，分布较广、面积较大的主要有 7 个土类，即褐土、潮土、棕壤、栗钙土、风沙土、草甸土、灰色森林土。

2005 年年末实有耕地总资源 639.6 万公顷，比上年减少 4.5 万公顷。其中常用耕地面积 598.9 万公顷，减少 1.8 万公顷。建设占用耕地 7022 公顷，生态退耕 45422 公顷，分别增加 241 公顷和 942 公顷。

第四节　环境质量状况

河北省的环境质量监测工作起步于 1975 年，当时只是对地面水进行监测。1980年石家庄、邯郸、唐山三个城市首先开展了城市地下水监测，1983 年全省 11 个省辖市均开展了地下水监测。1979 年开始在重点城市对环境空气进行监测。1983 年对全省 11 个地级市的环境空气进行监测。1982—1983 年石家庄、唐山、邯郸、邢台、衡水、廊坊、保定、承德、沧州等 9 个城市开展了城市区域环境噪声普查，这是河北省环境噪声监测工作的开始。

一、水环境质量

河北省水环境包括：地面水（亦称地表水）、地下水、近海海域和海水浴场三部分。地面水部分包括：河流、水库、湖、淀。

（一）地面水环境质量状况

1. 七大水系环境质量

2000 年以前水资源污染严重。河北省海河流域七大水系中 70%～80%的河流都受到了污染，有 50%的河流属于重度污染，秦皇岛和承德还有一些清水，但全省大多数河流总的状况是，缺少自然径流，基本失去稀释、自净能力，已接近“有河皆枯，有水皆污”的境地。

2005 年城市污水处理厂的建立，使河流水系环境质量有所好转。

至 2009 年年底，河北省七大水系水质有所改善，Ⅰ～Ⅲ类水质比例为 42.4%，劣Ⅴ类水质比例为 41.7%。

与 2005 年相比，七大水系Ⅰ～Ⅲ类水质比例升高 11.1 个百分点，劣Ⅴ类水质比例下降 6.1 个百分点。

七大水系中，滦河水系和永定河水系为轻度污染，大清河水系为中度污染，北三河水系、漳卫南运河水系、子牙河水系和黑龙港运东水系为重度污染。

2. 水库环境质量

河北省水库水质良好。2009 年，对河北省 13 座水库和白洋淀、衡水湖进行了监测（保定龙门水库干库，未监测）。不计总氮、总磷两项富营养化指标，岗南水库、黄壁庄水库、朱庄水库、临城水库、岳城水库、洋河水库、石河水库、西大洋水库、安格庄水库、陡河水库、邱庄水库、王快水库、东武仕水库 13 座水库水质均达到了Ⅱ类水质标准。

① 白洋淀水质状况。白洋淀设有 9 个国控监测断面，分别是鸪丁淀、南刘庄、光淀张庄、端村、王家寨、枣林庄、圈头、烧车淀、采蒲台。2003 年 6 月—2004 年 2 月，白洋淀干淀，由于水位低于 8.4 米的功能区划水位要求，因而水质达不到水功能区划要求。2009 年白洋淀水质为轻度污染，12.5%的断面水质为劣Ⅴ类，87.5%的断面水质为Ⅳ类，水质有所好转，富营养化程度也有所降低，主要是化学需氧量（COD）、高锰酸盐指数和氨氮超标。

② 衡水湖水质状况。衡水湖又名“千顷洼”，是华北平原上仅次于白洋淀的一个内陆淡水湖泊，具有独特的自然景观，多种生态系统并存，具有生物多样性。衡水湖东至盐河故道，西至冀州南良庄，南至冀州城关，北至滏阳河，总面积 120 平方千米，设计蓄水位 21 米，全湖总蓄水面积 75 平方千米。衡水湖污染为中度污染，以小湖心污染最重，其次是大湖心、王口闸、大赵闸，污染呈有机污染，主要污染物是化学需氧量、生化需氧量。总磷污染较重，有富营养化迹象。

衡水湖设有大湖心、小湖心、王口闸和大赵闸 4 个监控断面，2009 年水质为Ⅲ类，达到功能区划的要求。衡水湖水质稳定，没有明显变化，富营养化水平为轻度富营养。

（二）地下水环境质量

河北省地下水每年监测两次，枯水期（一般在 5 月）、丰水期

（9 月）各采样监测一次。1989 年全省共设监测井 283 眼，1995 年 249 眼，2000 年 196 眼，2005 年减为 161 眼，采样监测井布点优化后井眼逐渐减少。

2009 年，河北省邢台、唐山、秦皇岛、廊坊、衡水、张家口和保定七个城市地下水水质良好，石家庄地下水总硬度超标，邯郸地下水总硬度和溶解性总固体超标。

（三）近岸海域和海滨浴场水质状况

河北省有 17 条主要入海河流，分属滦河、滦东沿海入海河流、滦西沿海入海河流和运东水系入海河流。河流把陆地污染物带入近岸海域，对近岸海域水质造成影响。秦皇岛、唐山、沧州是河北省的三个沿海城市，其近岸海域的海洋监测站位设置数量不同、作用不尽相同，且站位也有调整。3 个市的海洋监测能力秦皇岛最强，开展工作最多。沧州的海洋监测能力差些。

1. 近岸海域水质状况

2009 年全省近岸海域总体水质为良，唐山、秦皇岛市近岸海域水质为良，沧州市近岸海域水质为轻度污染，主要污染物为无机氮。

2. 海滨浴场水质状况

海水浴场常规监测工作于每年 5—8 月进行，每周对北戴河及海港区 12 个浴场进行监测，监测项目包括水温、pH、溶解氧、化学需氧量、石油类、嗅、色度、漂浮物、粪大肠菌群。

秦皇岛海水浴场水质均优于指定功能标准要求，环境质量界定为优级良好。从海域分布来看，北戴河浴场环境质量优于海港区浴场环境质量。

二、大气环境质量

大气质量监测有较好的延续性，自开展监测工作以来，二氧化硫、氮氧化物、总悬浮颗粒物、降尘等项目一直坚持监测。2000 年以后氮氧化物改为二氧化氮，总悬浮颗粒物从 2002 年开始改为可吸入颗粒物。另外，1989 年以后对硫酸化速率和降水酸度也开展了监测。

河北省既是产煤地，也是用煤大户，煤炭在一次性能源构成中占相当大的比例，石油及天然气所占比例小，这就决定了河北省大气污染仍属煤烟型污染。

2009 年，全省设区城市优良天数平均为 334 天，比 2008 年增加了 10 天。秦皇岛、廊坊、沧州、衡水、承德、保定、邢台和张家口 8 个城市空气质量达到二类区环境质量标准。与 2008 年相比，新增了保定、邢台和张家口 3 个城市。

近 7 年（2003—2009 年）的监测数据表明，全省设区市平均达到或好于二级的优良天数呈逐步增加趋势，2009 年较 2005 年优良天数增加了 39 天。

三、土壤环境质量

改革开放初期，河北省工业、交通等都不发达，社会活动不频繁，自然环境（包括土壤环境）基本上处于原貌。为了搞清我国这一阶段的土壤环境状况，国家启动了“七五”科技攻关项目“土壤环境背景值调查”，亦称“土壤环境背景值研究”。河北省成立了相应的分课题组，进行“河北省土壤环境背景值调查”。按照国家的统一部署，在河北省进行网格布点，网格大小 40×40 千米（即 1 600 平方千米），全省网格数目 148 个。土壤分析测试规定了 13 个必测元素：铜、铅、锌、镉、镍、铬、汞、砷、硒、钴、钒、锰、氟；还有 3 项指标：腐殖质、pH 值、粒度。

该次调查得到河北省土壤中各元素背景值分别是：

砷：A 层土壤浓度范围在 0.01～31.7 毫克/千克，算术平均值 13.6 毫克/千克；C 层土壤浓度范围在 0.01～48.8 毫克/千克，算术平均值 14.2 毫克/千克；

镉：A 层土壤浓度范围在 0.002～0.474 毫克/千克，算术平均值 0.094 毫克/千克；C 层土壤浓度范围在 0.002～0.446 毫克/千克，算术平均值 0.097 毫克/千克；

钴：A 层土壤浓度范围在 0.01～29.7 毫克/千克，算术平均值 12.4 毫克/千克；C 层土壤浓度范围在 0.01～552.0 毫克/千克，算术平均值 16.7 毫克/千克；

铬：A 层土壤浓度范围在 35.4～217.0 毫克/千克，算术平均值 68.3 毫克/千克；C 层土壤浓度范围在 15.9～520.0 毫克/千克，算术平均值 72.6 毫克/千克；

铜：A 层土壤浓度范围在 6.7～53.5 毫克/千克，算术平均值 21.8 毫克/千克；C 层土壤浓度范围在 5.2～1 041.0 毫克/千克，算术平均值 23.0 毫克/千克；

氟：A 层土壤浓度范围在 138～909 毫克/千克，算术平均值 462 毫克/千克；C 层土壤浓度范围在 89～6 643 毫克/千克，算术平均值 510 毫克/千克；

汞：A 层土壤浓度范围在 0.001～0.269 毫克/千克，算术平均值 0.036 毫克/千克；C 层土壤浓度范围在 0.001～0.193 毫克/千克，算术平均值 0.022 毫克/千克；

锰：A 层土壤浓度范围在 229～1 694 毫克/千克，算术平均值 608 毫克/千克；C 层土壤浓度范围在 115～4 367 毫克/千克，算术平均值 616 毫克/千克；

镍：A 层土壤浓度范围在 7.0～300.0 毫克/千克，算术平均值 3.08 毫克/千克；C 层土壤浓度范围在 5.0～835.0 毫克/千克，算术平均值 34.1

毫克/千克；

铅：A 层土壤浓度范围在 4.8～200.0 毫克/千克，算术平均值 21.5 毫克/千克；C 层土壤浓度范围在 4.7～260.0 毫克/千克，算术平均值 25.1 毫克/千克；

钒：A 层土壤浓度范围在 20.0～141.3 毫克/千克，算术平均值 73.2 毫克/千克；C 层土壤浓度范围在 15.9～245.0 毫克/千克，算术平均值 80.1 毫克/千克；

锌：A 层土壤浓度范围在 28.5～376.0 毫克/千克，算术平均值 78.4 毫克/千克；C 层土壤浓度范围在 12.5～753.0 毫克/千克，算术平均值 78.4 毫克/千克；

pH：A 层土壤浓度范围在 5.7～8.96，算术平均值 7.96；

有机质：A 层土壤浓度范围在 0.37～11.23，算术平均值 1.53；

粉粒：A 层土壤浓度范围在 19.00～89.00，算术平均值 62.48；

物理性黏粒（0.01～0.001 毫米）：A 层土壤浓度范围在 2.0～58.3，算术平均值 20.80；

黏粒（＜0.001 毫米）：A 层土壤浓度范围在 2.7～35.30，算术平均值 17.96；

硒：未检出（因当时仪器设备条件、分析方法和能力限制，各土层中硒均未检出）。

四、生态环境质量

（一）自然保护区建设

河北省的自然保护区建设起步较晚，始于 1983 年，起初只有三个省级自然保护区，到 2004 年年底，河北省共建森林和野生动物类型自然保护区 26 处，其中国家级自然保护区 7 处，省级自然保护区 15 处，市县级自然保护区 4 处。保护区面积达到 46.69 万公顷，占河北省国土面积的 2.48%。

（二）林业建设

2000 年，河北省有林地面积 365.5 万公顷，是全国少林省份之一。在“十五”期间实施“三北防护林”、太行山绿化、京津风沙源治理、退耕还林还草、21 世纪首都水资源保护等一系列生态建设工程。到 2005 年年底，全省林业用地面积为 8 581 364 公顷（12 872 万亩），占全省总土地面积的 45.72%。有林地面积为 4 341 258 公顷（6 512 万亩），森林覆盖率为 23.25%，活立木总蓄积量为 10 226 万立方米。

（三）草地建设

河北省现有草地面积 501.58 万公顷，占国土面积的 26.7%，人均占有草地面积约 0.077 公顷，约为全国人均占有草地面积的 1/5。“十五”期间，河北省草地和人工半人工草地面积逐年增加。2004 年全省新增人工、半人工草地面积 30.7 万公顷。

（四）水土流失治理

河北省是全国水土流失比较严重的省份之一，目前已达到 5.63 万平方千米，占全省国土面积的 30%多。全省每年流失土壤 4.5 亿吨，累计淤积水库容量 4 500 万立方米。水土流失面积占全省山区面积的 61%。

“十五”期间，河北省加快了水土流失治理速度，通过小流域治理等综合方式，5 年累计治理水土流失面积 1.4 万平方千米，是 1995—1999 年治理面积总和的 1.4 倍。目前，治理速度也由过去的每年 1 000 多平方千米提高到每年近 3 000 平方千米。通过治理，京津风沙源区水蚀面积减少了 14.2%，辽、滦、潮河流域每年减少河流泥沙流失量 100 多万吨。尽管治理速度加快，流失面积有逐年减少趋势，但是还存在着边治理边破坏的现象，全省水土流失依然严重。

五、声环境质量

一个城市的噪声往往用三种方法表述：功能区噪声、道路交通噪声和区域环境噪声。

就河北省而言，11 个设区市中，其昼、夜间功能区噪声年均值均达标。“十五”期间河北省功能区声环境质量呈现好转趋势。1 类区、2 类区声环境质量明显好转；3 类区、4 类区声环境质量有所好转，但趋势不明显。

道路交通等效声级均值基本稳定，全部达到国家规定的标准（不超过 70 分贝）。全省 11 个城市中唐山道路交通噪声污染水平最重，其次是承德和张家口，保定、廊坊、秦皇岛三市噪声污染水平较低。在全省机动车辆大量增加的情况下，由于拓宽道路、限制重载车辆在市区行驶等措施，使道路交通噪声得到了有效控制。

2008 年 11 个设区市区域声环境较好。区域环境噪声平均等效声级分布在 50.1～54.8 分贝，面积加权平均值是 52.2 分贝。

2009 年，全省声环境质量与 2008 年相比基本持平，生活噪声和交通噪声是影响城市声环境的主要噪声源。

第五节　主要环境问题

一、自然灾害

（一）气象灾害

自古以来，河北省就是一个气象灾害严重的地区。全省范围内，气象灾害的种类繁杂，主要有旱灾、水灾、风灾、雹灾、雷电灾、冻灾（寒潮、霜冻）等，气象次生灾害主要有风暴潮、泥石流、滑坡等。

河北省多气象灾害的原因是多方面的，主要有：气候因素、地表因素、社会因素等。

1. 旱灾

干旱是河北省发生最频繁、影响最大的气象灾害。河北省属大陆性季风气候，大部分地区年降水量不足，降水变率大，季节分配不均，降水主要集中于夏季。因此，春旱、初夏旱、伏旱、秋旱发生频繁，又以春旱最为频繁，素有“十年九春旱”之说。

2. 暴雨洪涝

河北省的暴雨洪涝灾害主要发生在夏季，1949—2000 年，除了 1952 年、1955 年、1981 年、1982 年和 1983 年未发生大范围的暴雨洪涝灾害外，其他年份均有不同程度的暴雨洪涝灾害发生。每年由暴雨引发的洪涝灾害都不同程度地给全省国民经济和人民生命财产带来较为严重的损失，占整个气象灾害所造成经济损失的 45%左右。

3. 雹灾

河北省是冰雹灾害频繁发生的地区，它是伴随飑线、局地强风暴等强对流系统，出现的一种天气现象，虽持续时间短，但来势猛，破坏性很大，常给人民的生命财产带来严重危害。例如 1985 年 7 月 2 日 18 时至 21 时在保定地区发生的冰雹伴大风天气，使 13.3 多万公顷作物受害，损失红枣约 1900 万千克，毁房 4003 多间，倒树 130 多万株，1040 人受伤，19 人死亡，保定市供电局的供电干线 78%毁坏，全市停电停水，迎风面的窗户玻璃 80%被砸碎，许多工厂停工停产，火车停运 90 分钟。

全省各地方志中关于冰雹灾害记录之多，仅次于旱涝。河北省每年因遭受冰雹袭击而造成农作物减产和绝收的面积平均在 9 万公顷以上。

4. 寒潮、霜冻

河北省内的冷冻灾主要是由寒潮大风引起的霜冻、雪冻等灾害。

寒潮是河北省的重要灾害性天气过程。寒潮和强寒潮出现次数以北部高原地区为多，尤其是承德市的御道口，年平均寒潮天数为 63 天，强寒潮天数为 36 天，其出现天数远远高于其他各站。

河北省平均初霜冻日期在 8 月 31 日至 10 月 29 日，南北差异很大。在同一纬度上，山区重于平原，山谷洼地重于高岗平原。

5. 大风、沙尘暴

大风是河北省的主要灾害性天气之一，一年四季均有发生。河北省范围内，大风的主要表现形式为台风、龙卷风、寒潮大风等。受蒙古高原冷气流和西伯利亚寒流影响，河北省每年晚秋到早春都会出现大风天气。

河北省沙尘暴一般持续 1～2 天，连续时数也不太长，一般只有几小时，有时也可达十几个小时。河北省沙尘暴北部高原多于山区、平原，河谷川地多于山地，以春季最多，秋季最少。

6. 高温

河北省高温年平均日数在保定和沧州以南的平原地区均在 10 天以上，位于中心的清河、赞皇一带多达 17 天；长城以北和冀东平原在 3 天以下，其中滦河以东和坝上地区不足 1 天。

河北省人畜因高温而直接或间接死亡的事件时有发生。1972 年 6 月下旬至 7 月初，河北南部平原地区，因高温酷热而死亡的人数竟达数百人。

7. 雾灾

河北省多为辐射雾，一般在午夜至清晨最易出现大雾，日出前后的

5—7 时最易生成雾。河北省有时也出现平流雾，这种雾范围广，密度大，持续时间长。如 1968 年 11 月 21—25 日，长城以南广大地区出现一次平流雾，石家庄、沧州、唐山能见度小于 1 千米持续 15 小时以上，能见度小于 4 千米，持续 60～70 小时，在鸭鸽营长达 105 小时，致使全省几个机场飞机不能起飞。

8. 雷电

通过对河北省 30 年雷电资料（1971—2000 年）进行统计分析，得出河北省雷电空间分布基本上是北部多于南部，山地多于平原。河北省 11 个地市的年平均雷暴日数从高到低依次是：承德、张家口、唐山、廊坊、秦皇岛、保定、沧州、石家庄、邢台、衡水、邯郸。

9. 沿海温带风暴潮

河北沿海是我国风暴潮最严重的地区之一，常给沿海地区人民的生命财产造成巨大损失。如 1997 年 8 月 20 日 9711 号台风引起的风暴潮，仅河北沿海的经济损失就达 10 亿元。

发生风暴潮的地区以沧州、天津沿海各县为多，唐山沿海各县次之，秦皇岛沿海各县较少。根据风暴潮的出现频率及危害程度，河北沿海的风暴潮灾可分为 3 个区：沧州天津沿海风暴潮重灾区、唐山地区沿海风暴潮中灾区、秦皇岛沿海风暴潮轻灾区。

10. 赤潮灾害

赤潮是海洋中某一种或多种海洋浮游生物在一定环境条件下暴发性增殖或聚集而引起的一种能使局部水体改变颜色的有害生态异常现象。赤潮多发生在内海、河口、港湾或有上升流的水域，尤其是暖流内湾水域。赤潮分为有毒赤潮与无毒赤潮两类。

河北省沿海大面积赤潮灾害的发生开始于 1989 年，其后，每年都有赤潮记录，1981—2003年，全省海域共发生赤潮23次，其中黄骅沿海发生5次，秦皇岛沿海发生9次，唐山沿海发生9次。

赤潮发生次数最多的年份为2000年，5—10月共发生7起，赤潮面积近2000平方千米。其次是2003年，河北省海域发生赤潮6次，面积1085.2平方千米。2002年，河北省海域共发生4次赤潮，面积累计24平方千米，其中一次发现有毒藻种。

11. 海浪灾害

河北省内渤海因为是一个面积不大的浅水内海，平均水深只有26米，风区小，外海海浪不易传入，故渤海的灾害性海浪及其造成的经济损失在我国各海区中都是最少的，主要类型为寒潮浪和气旋浪。

（二）地质灾害

河北省属地质灾害多发省份，山区主要以泥石流、崩塌、滑坡和地面塌陷等突发性的地质灾害为主。其中，泥石流、崩塌、滑坡灾害隐患主要分布在石家庄、保定、承德、唐山、秦皇岛等市的太行山和燕山山麓。崩塌、滑坡等灾害隐患绝大部分是人为开山修路、农村开挖山脚修建房屋诱发；地面塌陷灾害主要是采矿和岩溶塌陷，分布在邯郸、邢台、张家口、承德、唐山市的矿山采空区和唐山市区、遵化市、滦县、秦皇岛柳江盆地和邢台百泉等隐伏岩溶区。平原区主要以过量开采地下水，疏干含水层造成的地面沉降和地裂缝等缓变性地质灾害隐患为主。目前，累计地面沉降量大于200毫米的已达上万平方千米，形成了沧州、保定、衡水、任丘、南宫、霸州、大城、曲周、南堡、唐海、晋州等13个沉降中心，其中沧州市受地面沉降影响最大，平原区地裂缝主要分布在沧州、衡水、廊坊市的古、现代河道和农灌区。

1. 地面沉降

在整个河北平原区，地面沉降的范围由低平原深层地下水开采区向西部山前平原浅层地下水开采区扩展。沿海地区地面沉降为河北平原地面沉降的一部分，情况较为严重。滦河口至捞鱼尖地带平均累积沉降量达 80 毫米（1983—1996 年），速率为每年 6.15 毫米；捞鱼尖至涧河口平均累积沉降量为 400 毫米（1975—1996 年），沉降速率为每年 19.05 毫米。沧州沿海地区平均累积地面沉降量为 450.7 毫米（1970—1996 年），沉降速率为每年 16.69 毫米。到目前为止，滨海平原沉降区面积已达 5 450 平方千米，地面高程低于现代海平面的面积已超过 1 253 公顷。

2. 地裂缝

河北平原地裂缝规律性分布于太行山和燕山山前倾斜平原和中部低平原，具有明显的区域性、成带性和系统性特征。构造地裂缝受活动断裂控制，大致延北北东展布，以邯郸市活动最为显著。另外，滹沱河北大堤、黄壁庄水库副坝上均有构造地裂缝出现，非构造地裂缝多发生在上细（淤泥质土、青亚黏土、黄土状土）下粗（砂层、砂砾层）、浅层土体结构的地区，发生地点由南向北定向推移，多出现在地下水水位持续下降区。

目前河北省平原的地裂缝活动仍处于活跃期。大华北地裂缝活动正处于近代活跃期。地裂缝发生时间不受季节限制，但地裂缝在地表上的显露却受降雨影响。华北地区地裂缝出现在每年雨季的占总数的 82%。我国最长的地裂缝是长 36 千米的河北辛安深饶地裂缝。

3. 地震

河北省地处燕山褶断带、太行山前断裂带和华北平原沉降带，境内大小断裂带纵横交错，地震活动频繁，大震贯穿于华北地震各个高潮期。

河北省地震构造带主要为东西向燕山褶断带和北东向的华北平原沉降带，在其交换部位，是强震多发地区。

1976 年 7 月 28 日凌晨，震惊中外的唐山 7.8 级大地震猝不及防地发生了。顷刻之间，拥有百万人口的城市变成一片废墟，北京和天津受到严重波及，地震破坏范围超过 3 万平方千米，有感范围达 14 个省、直辖市、自治区。强烈地震使 24.2 万余人死亡，16.4 万余人重伤，震毁房屋 1476 万平方米，给国家和人民生命财产带来的经济损失总值达 300 亿元。

4. 泥石流、滑坡

河北省泥石流主要集中在太行山区、北部燕山地区和坝下黄土丘陵区。自新中国成立以来，河北省发生泥石流多次。

滑坡是斜坡上不稳定的岩体或土体在重力作用下沿一定滑动面（或滑动带）整体向下滑动的物理地质现象。自新中国成立以来，河北省曾发生滑坡 6 次。

二、环境污染

环境污染主要是人类活动和自然灾害所引起的环境质量下降而有害于人类及其他生物正常生存和发展的现象。对自然环境的污染和破坏，有些是由于火山爆发、强烈地震等自然灾害造成的，而经常的还是人为造成的污染。如果排放的物质超过了环境的自净能力，环境质量就会发生不良变化，危害人类健康和生存，这就形成了对环境的污染。

河北省自 20 世纪 70 年代初就开始对环境污染状况进行系统的调查，相应地采取了一系列防治措施并开展了对“废气、废水、废渣、噪声”的综合利用。

（一）大气污染与酸雨

1. 河北省大气状况

① 河北省空气质量状况。2003—2009 年，河北省平均达到或好于二级的优良天数逐步增加，从 2003 年的 250 天上升到 2009 年的 334 天。10 个城市二氧化硫年平均浓度达到二级标准，9 个城市可吸入颗粒物（PM_{10}）年平均浓度达到二级标准，所有城市二氧化氮年平均浓度全部达到二级标准。从总体趋势看，全省城市空气污染得到有效控制，空气质量出现逐年提高、稳步改善的良性发展势头。

② 主要污染物浓度变化情况。河北省大气污染物浓度总体呈下降趋势。2009 年，可吸入颗粒物浓度为 0.081 毫克/米^3，较国家二级标准值低 0.019 毫克/米^3，与 2005 年（“十五”末）相比降低了 18.2%，与 2008 年相比降低了 6.9%；张家口、秦皇岛、廊坊、唐山、邢台、保定、承德、沧州和衡水 9 个城市达到国家二级标准；二氧化硫浓度为 0.046 毫克/米^3，较国家二级标准值低 0.014 毫克/米^3，与 2005 年（“十五”末）相比降低了 42.5%，与 2008 年相比降低了 14.8%；沧州、衡水、秦皇岛、石家庄、廊坊、邯郸、邢台、保定、张家口和承德 10 个城市达到国家二级标准；二氧化氮浓度为 0.028 毫克/米^3，基本和往年持平，11 个设区市均达到国家二级标准。

③ 废气中主要污染物排放量。据调查，2009 年，河北省二氧化硫排放量为 125.35 万吨，其中工业排放量为 104.29 万吨，生活排放量为 21.06 万吨；烟尘排放量为 51.83 万吨，其中工业排放量为 32.95 万吨，生活排放量为 18.88 万吨；工业粉尘排放量为 42.70 万吨。

表 2-1　河北省近年废气中主要污染物排放量　　单位：万 t

年份	二氧化硫排放量			烟尘排放量			工业粉尘排放量
	合计	工业	生活	合计	工业	生活	
2005	149.57	128.14	21.43	73.23	55.98	17.25	71.30
2006	154.55	132.57	21.98	72.32	55.31	17.01	64.57
2007	149.25	129.44	19.81	62.31	46.42	15.89	53.21
2008	134.51	115.87	18.64	56.82	39.64	17.18	50.74
2009	125.35	104.29	21.06	51.83	32.95	18.88	42.70

2. 河北省酸雨状况

河北省 2009 年 5 个酸雨观测点采样监测，共获得 556 个雨水样本，pH 范围在 3.76～8.45，最低值出现在承德市。秦皇岛、承德、保定和石家庄 4 个市共出现 34 次酸性降水，其他城市未出现酸雨。

2005—2009 年的监测数据表明，全省酸雨频率最高值出现在 2006 年，最低值出现在 2005 年，2009 年全省酸雨发生频率为 6.1%，比 2008 年上升了 3.7 个百分点，比 2005 年上升了 4 个百分点，出现酸雨的城市数量、酸雨频率以及酸雨的强度均有所增加。

（二）水体污染

1. 七大水系水质状况

河北省共有七大水系，分别为滦河水系、永定河水系、大清河水系、北三河水系、漳卫南运河水系、子牙河水系和黑龙港运东水系。

2009 年，七大水系总体为中度污染，41.7%的断面水质为劣Ⅴ类，与 2005 年相比，七大水系Ⅰ～Ⅲ类水质比例升高 11.1 个百分点，劣Ⅴ类水质比例下降 6.1 个百分点。河流水质有所好转。

七大水系中，滦河水系和永定河水系为轻度污染，大清河水系为中度污染，北三河水系、漳卫南运河水系、子牙河水系和黑龙港运东水系为重度污染。其中，子牙河水系和黑龙港运东水系多项污染物超标，主要污染物指标为氨氮、化学需氧量、总磷、挥发酚、生化需氧量和高锰酸盐指数。

2. 省界断面水质

河北省与北京、天津、山东、山西和河南相邻，共有 38 个省界断面，其中包括 19 个入境断面和 19 个出境断面，出境断面水质好于入境断面水质。

19 个出境断面中入北京、天津的水质较好，基本能够满足功能区要求。

19 个入境断面中山西来水水质较好，河南、北京来水较差，山东来水最差，污染物浓度高。

3. 湖库淀水质

2009 年河北省对 13 座水库和白洋淀、衡水湖进行了监测（保定龙门水库干库，未监测）。

不计总氮（TN）、总磷（TP）两项富营养化指标，13 座水库水质达到了Ⅱ类水质标准。

白洋淀水质为轻度污染。12.5%的断面水质为劣Ⅴ类，87.5%的断面水质为Ⅳ类，水质较 2008 年有所好转，富营养化程度也有所降低，主要污染物指标是化学需氧量、高锰酸盐指数和氨氮。

衡水湖水质为Ⅲ类，达到功能区划要求。

4. 近岸海域海水水质

河北省近岸海域总体水质为良。唐山市近岸海域水质为良；秦皇岛市近岸海域水质为良；沧州市近岸海域水质为轻度污染，主要污染物为无机氮。

表 2-2　2009 年河北省湖库淀水质状况表

所属城市	湖库名称	水质类别	水质状况	富营养化程度
唐山	陡河水库	II	优	中营养
唐山	邱庄水库	II	优	中营养
秦皇岛	石河水库	I	优	中营养
秦皇岛	洋河水库	II	优	中营养
保定	王快水库	II	优	中营养
保定	西大洋水库	II	优	中营养
保定	安格庄水库	II	优	中营养
石家庄	岗南水库	I	优	中营养
石家庄	黄壁庄水库	III	优	中营养
邢台	朱庄水库	II	优	中营养
邢台	临城水库	II	优	中营养
邯郸	岳城水库	II	优	轻度富营养
衡水	衡水湖	III	良好	轻度富营养
保定	白洋淀	IV	轻度污染	轻度富营养
邯郸	东武仕水库	II	优	中营养

5. 地下水

水质：邢台、唐山、秦皇岛、廊坊、保定、石家庄、衡水、张家口 8 个城市地下水水质良好，邯郸、承德、沧州（浅水）水质较差，沧州（深水）因地质因素，氟化物超标。全省主要超标的监测指标为总硬度、硫酸盐、氟化物、氨氮。

水资源：根据全省地下水资源评价成果，河北省地下水天然补给资源总量为 170.26 亿米^3/年。全省地下水可开采资源量为 120.08 亿米^3/年，其中石家庄、保定较为丰富。

6. 废水和主要污染物排放量

据调查，2009 年，河北省废水排放总量为 24.50 亿吨，比 2008 年增加 4.39%；化学需氧量排放量为 57.01 万吨，比 2008 年下降 5.74%，其中工业废水中化学需氧量排放量为 20.047 万吨，比 2008 年下降了 19.42%，占总量的 35.15%；生活污水中化学需氧量排放量为 36.97 万吨，比 2008 年上升了 3.82%。

表 2-3　河北省近年废水和主要污染物排放量

年份	废水排放量/亿 t			化学需氧量排放量/万 t			氨氮排放量/万 t		
	合计	工业	生活	合计	工业	生活	合计	工业	生活
2005	20.85	12.45	8.40	66.06	38.93	27.14	—	—	—
2006	22.23	13.03	9.19	68.78	35.82	32.96	6.78	3.18	3.60
2007	22.29	12.35	9.94	66.74	32.83	33.91	6.05	2.36	3.69
2008	23.47	12.12	11.35	60.48	24.87	35.61	5.58	1.74	3.84
2009	24.50	10.97	13.53	57.01	20.04	36.97	—	—	—

（三）土壤污染

1. 化肥、农药污染

据调查，2004 年河北省施用化肥总量（折纯）为 289.88 万吨（氮肥 149.15 万吨、磷肥 46.56 万吨、钾肥 22.21 万吨、复合肥 71.96 万吨）；农药使用量为 75655 吨；农用塑料薄膜使用量为 104588 吨，其中地膜使用量 60314 吨，地膜覆盖面积达 103.696 万公顷。大量及不合理地使用农药、化肥、农膜等农业投入品，造成土地肥力下降，土壤质量退化，部分地方农业环境污染问题突出，农产品质量不安全因素增加。

2. 污灌污染

由于河北省水资源匮乏，农用水资源严重短缺，造成部分地区农民使用污水灌溉农田，全省污水灌溉面积为 53277.67 公顷，累计废耕农田 94 公顷。据农业部门内部统计，2004 年农业污染事故 25 起，其中污水污染16起，工业废气污染8起，劣质农药污染1起，污染耕地面积938.5公顷，造成农产品产量损失152627.1吨，损失金额达220.2万元。

3. 酸雨污染

酸雨是煤、石油、天然气等化学燃料燃烧后产生的硫氧化物（SO_x）、氮氧化物（NO_x）等污染物在大气中经过复杂的化学反应，形成硫酸或硝酸气悬胶，再与水蒸气结合，使水质呈酸性的降雨（pH值为3～5，呈现强酸性反应）。大多数植物适合在中性的土壤环境中生长，酸雨使土壤呈酸性，这对植物生长极为不利。酸雨还促使土壤中植物不可或缺的营养物质钾、钠、钙、铝等元素释放出来，随水淋溶流失，使土壤肥力严重下降，日渐贫瘠，而活性铝还强烈地抑制植物生长。此外，酸雨还能阻碍土壤微生物生长繁殖，降低酶活性，进一步影响了植物生长。

长期以来，河北省能源结构是以高硫燃煤为主。也因此，河北省受到酸雨的危害日益严重。

（四）固体废物与城市垃圾

1. 河北省固体废物与有毒化学品环境管理

按照国家有关固体废物管理的有关规定，编制了《河北省固体废物环境管理工作手册》，对各类固体废物处置、储存、运输、利用做到规范审批、有效管理。截至2008年年底，河北省共发放危险废物经营许可证47个，其中河北省环境保护局发证42个，市环境保护局发证5个。全省危险废物持证单位年处置能力为16.4万吨，涉及30多大类。2008年度全省医疗废物产生总量9369.82吨，医疗废物集中处置量为9322.13吨，集中处置率为99.49%，以集中焚烧方式处理为主。

① 医疗废物环境管理。为妥善处置危险废物和医疗废物，推进《全国危险废物和医疗废物处置设施建设规划》（以下简称《规划》）实施进

程，根据原国家环境保护总局办公厅《关于开展全国危险废物焚烧单位及规划内项目建设进展专项检查的通知》（环办[2007]118 号）要求，在全省范围内开展危险废物和医疗废物焚烧单位及规划内项目建设进展专项检查工作。目前，已完成经营性焚烧单位和非经营性焚烧单位的检查上报工作。

到 2008 年年底，唐山和廊坊两市医疗废物处置工程建成，其余 9 个设区市项目推进工作取得积极进展。

② 危险废物环境管理。结合河北省危险废物经营许可审批和管理现状，河北省环境保护厅修订完善了《河北省危险废物经营许可证审批管理程序》，建立了危险废物收集、运输、处置的全过程环境监督管理体系，基本实现了危险废物的安全处置。

为认真履行《关于持久性有机污染物的斯德哥尔摩公约》，根据原国家环境保护总局《关于开展全国持久性有机污染物调查的通知》（环发[2006]207 号）要求，河北省环境保护厅在全省范围内开展了持久性有机污染物二噁英类 POPs 调查工作，于 2008 年 3 月完成了河北省的数据汇总上报工作，并通过了环境保护部验收。根据河北省行业结构特点，为加强对医药废物抗生素发酵菌渣的管理，下发了《关于加强抗生素发酵菌渣管理的紧急通知》。

③ 进口废物管理。截至 2008 年年底，河北省共有进口废五金电器、废电线电缆和废电机加工利用单位 42 家，进口其他限制类废物企业 50 家。

在专业管理上，2008 年，河北省建设了第一家经环境保护部正式批准的进口废物产业园——文安东都再生资源环保产业园。文安东都再生资源环保产业园是专门从事拆解国家限制进口的可作为再生原料的第七类、第十类、汽车压块及电子产品废物的产业基地。项目规划总占地面积 3692 亩，其中拆解用地 3001 亩，基础设施达到“五通一平一绿”，即：通路、通水、通电、通信、通气、平整土地、绿化。总投资近 14 亿元人民币，年规划拆解量废七类、废十类 100 万吨，汽车压块 8 万辆。

2. 城市垃圾管理

近年来，河北省经济增长速度较快，2003 年，全省生产总值达到 7 095.4 亿元，比上年增长 11.6%，为 1998 年以来最高增幅。随着社会经济的发展，人民生活水平不断提高，城市生活垃圾产生量大幅度增加，垃圾成分不断变化。生活垃圾的产生不仅占用了大量的土地，还消耗了大量的运输费用，也对大气、土壤和水质造成了极大的危害，城市生活垃圾问题已经成为河北省城市化进程中面临的一大公害。

① 垃圾产生排放现状。河北省城市生活垃圾具有产生量大，垃圾组分复杂的特点，2003 年河北省垃圾产生量 838.9 万吨，人均 124.6 千克，并以每年 3%的速度增长，同时，各地市间垃圾产量也存在差异。城市生活垃圾产生量一般认为与城市的人口，经济发展水平，能源结构，地理位置等因素有关。以石家庄为例，2001—2003 年的城市生活垃圾的产量分别为 65.4 万吨，68.5 万吨，70.6 万吨，增长率为 3.5%。

表 2-4　2005 年河北省四城市垃圾产生情况调查表

城市	人口/万人	垃圾产量/（t/d）	人均垃圾产量/（kg/d）	垃圾处理方式
石家庄市	220	2 650	1.2	填埋，堆肥
保定市	99.5	950	0.9	填埋
唐山市	146	1 930	1.3	填埋，焚烧
邯郸市	100	1 200	1.2	填埋

城市生活垃圾中的主要组分包括：有机物（厨余物、动植物残渣），可回收资源（纸类、塑料类、织物、竹木类、皮革、玻璃、金属）和无机物（建筑垃圾和渣土）3 大类。近年来，随着城市气化率的提高和人

民生活日益改善，有机物和可回收物比重逐年上升，而无机物比重明显降低。调查发现，河北省产生的垃圾具有有机物含量高，含水率较低（45%～55%）以及垃圾热值高等显著特点。

表 2-5 河北省四城市分类垃圾特性分析

垃圾特性	保定	唐山	邯郸	石家庄
纸类/%	9.69	5.56	5.06	3.07
塑料类/%	13.88	9.68	8.51	5.97
厨余物/%	50.74	56.92	53.59	62.71
皮革/橡胶类/%	—	0.86	1.42	—
玻璃/%	2.13	2.88	1.01	0.73
织物/布类/%	2.54	2.92	1.82	1.61
金属/%	0.08	0.25	0.10	0.48
建筑垃圾/%	3.37	6.84	—	5.41
竹木类/%	1.15	1.77	1.01	0.97
渣土/%	16.42	12.30	27.46	19.05
含水率/%	53.88	53.08	54.60	44.09
低位热值/（MJ/kg 干垃圾）	5.41	4.50	5.02	5.52

② 垃圾处理方式及利用情况。河北省垃圾处理主要以填埋为主，占垃圾处理总量的 77%，其他处理方式仅占垃圾处理总量的 23%。2003 年河北省共有无害化处理场 16 座，其中卫生填埋场 10 座，堆肥场 4 座，焚烧场 2 座，无害化处理能力为 8 774 吨/天，其中填埋处理 6 764 吨/天，堆肥处理 1 550 吨/天，焚烧处理 460 吨/天，无害化处理量为 292.4 万吨，填埋处理量 256.9 万吨，堆肥处理量 31.3 万吨，焚烧处理量 4.2 万吨，简易处理量 199.3 万吨，粪便清运量 169.2 万吨，粪便处理量 159.9 万吨，生活垃圾无害化处理率为 41%。

（五）城市噪声及放射性污染

1. 城市噪声

2009 年，河北省 11 个设区市平均等效声级分布在 62.4～68.0 分贝，全部达到国家标准，全省道路交通噪声长度加权平均等效声级为 66.4 分贝，与 2008 年相比基本持平。11 个城市道路交通声质量为好（≤68.0 分贝）。

2008 年影响城市区域环境的噪声源主要分为生活噪声、交通噪声、工业噪声、施工噪声和其他噪声 5 类，分别占 45.2%、32.7%、12.3%、5.2%和 4.7%。影响面广的噪声源是生活噪声和交通噪声，两者之和占了 77.9%。污染强度大的噪声源是交通噪声。

2. 放射性污染

2009 年河北省辐射环境国控网监测表明，全省陆地γ辐剂量率为 54.0～75.6 纳戈/时，平均值为 64.8 纳戈/时，均为天然本底辐射水平；土壤、水体放射性核素和空气气溶胶、沉降物总α、总β放射性水平监测表明，未发现人工放射性核素污染。电磁辐射监测表明，广播、电视发射设施和高压输变电设施，附近局部环境电磁辐射水平偏高。监测表明，河北省放射源、射线装置和电磁辐射污染源周围环境辐射水平符合相关标准限值要求，未发现辐射污染。

截至 2008 年 12 月 31 日，河北省共有放射源 6077 枚；根据 2008 年电磁辐射设备（设施）申报登记统计，全省广播电台 149 座，通信、雷达及导航设备类发射站 10 座，发射台 16 个，移动通信基站 15797 座，工、科、医类电磁设备 176 台（套），高压交流架空输电线路共计 1468 条，全长 30500 余千米，变电站 632 座。

截至 2009 年年底，河北省废物库库区工程和配套实验室工程已经完工，实验室通风设备、库区通风及动力传输设备已安装到位，实验室配备的 20 多台（套）辐射监测及应急设备也已到位。2009 年 11 月 15 日，放射性废物库库区分为废源区和废物区，废源区库坑 27 个，废物区库坑 2 个，存贮坑总计 29 个。

2009 年，河北省共优化布设了辐射环境监测国控点 26 个，其中：陆地辐射监测点 13 个，土壤监测点 7 个，水体监测点 2 个，电磁监测点 4 个。

（六）海洋污染源

1. 陆域污染源污染物排放量

陆域污染源是指由陆地直接对应各类污染物的来源。据调查与监测结果，2004 年河北省滨海陆域污染源污染物排放总量为 115 517.79 吨，其中化学需氧量 98 633.8 吨，占污染物排放总量的 85.39%；氨氮 1 829.16 吨，占 1.58%；总氮 13 783.69 吨，占 11.93%；总磷 1 271.14 吨，占 1.10%。按污染物来源分：工业污染源 42 331.44 吨，占污染物排放总量的 36.65%；生活污染源 68 423.80 吨，占 59.23%；养殖业污染源 559.32 吨，占 0.48%；农业污染源 4 203.23 吨，占 3.64%。

① 生活污染源污染物排放量。生活污染源调查范围包括城镇居民生活污水排入入海河流及其支流的滨海县（区）、市。其中秦皇岛市包括全部所辖的 7 个县（区）；唐山市包括市区（路北区、路南区、开平区、古冶区、丰南区）、乐亭县、唐海县、滦南县、滦县、迁安市和迁西县等 6 县（市）5 区。沧州包括沧州市区、黄骅市、海兴县、吴桥县、东光县和盐山县等 6 县（区）市。2004 年河北省滨海陆域生活污染源污水排放总量为 7 517.51 万吨，污染物年排放总量为 68 423.80 吨。

② 工业污染源污染物排放量。滨海 3 市重点污染企业共有 119 家，沧州 23 家（其中 8 家企业停产），唐山市 54 家，秦皇岛市 42 家，分属于 44 种行业类型。2004 年，经调查滨海 3 市工业废水年排放总量

为 18 025.25 万吨，污染物年排放量 42 331.44 吨。

③ 养殖业污染源污染物排放量。2004 年，河北省滨海养殖面积共 29 438 公顷，经调查河北省滨海养殖业污染物年排放总量为 559.32 吨。

④ 农业污染源污染物入海量。农业污染源调查范围涉及滨海的 75 个乡级单位，根据滨海乡镇统计资料，估算得 2004 年河北省滨海陆域农业污染物总氮和总磷入海量分别为 4 173.60 吨、29.63 吨，总计为 4203.23 吨。

2. 主要污染物

化学需氧量是陆源主要污染物指标。2004 年全省滨海陆域污染源污染物排放总量为 115 517.79 吨，其中化学需氧量 98 633.8 吨，占污染物排放总量的 85.39%；其次是总氮 13 783.69 吨，占 11.93%；氨氮和总磷相对较少，仅 1 829.16 吨和 1 271.14 吨，占 1.58%和 1.10%。可见化学需氧量是滨海陆源的主要污染物指标，其次是总氮。化学需氧量有 58.46%来自于生活污染源，有 41.18%来自于工业污染源。因此生活污染源和工业污染源控制是污染源控制的主要任务。

造纸、化工和石油开采等大型企业为主要污染企业。加强这些行业和主要污染企业废水和污染物排放量的控制，对解决河北省滨海污染具有重要作用。

（七）农村污染

河北省以发展县域特色主导产业为重点，积极推进农业产业化、现代化和新农村建设，取得了显著的成绩。但随着农村经济的发展，农村环境污染问题也日益突出。

1. 畜禽养殖污染严重

畜牧业以散养户居多，规模化养殖率低，清粪方式以干清和水冲为主，致使畜禽粪便成为主要污染源。

2. 工业污染突出

2007 年年末，河北省有规模以下工矿企业 59 876 家，绝大部分分散在乡村，“三废”排放居高不下，治理水平较低，不仅影响工业经济增长质量，而且给环境安全带来负面影响。

3. 农用化学物质及废弃物污染加大

据调查，2007 年河北省农用化肥施用量为 311.87 万吨，农药使用量为 83 520 吨，农用塑料薄膜使用量为 113 687 吨。未被利用的化肥、农药残留于土壤或直接进入空气和水环境中，加上残膜留存的影响，导致土壤板结、耕作质量下降。

4. 小城镇生活垃圾和污水污染加剧

河北省有 5 457 万农村人口，年产生生活垃圾 1 360 多万吨（以每人每年产生 0.25 吨计算），一些农村“污水乱倒、垃圾乱放、粪土乱堆”现象突出。

5. 农村饮用水安全堪忧

三、生态破坏

（一）生物多样性的破坏

1. 河北坝上

坝上位于河北省北部，是蒙古高原在河北省的延伸，海拔 1 500 米以上。坝上属干草原区，气候干燥，大风频繁，多年平均降水量 400 毫米以下。恶劣的气候条件，加之人类活动的长期影响，过垦、过牧等，造成原有植被破坏严重，造成草场退化、植被覆盖度降低、森林破碎化，仅在阴坡有少量次生林分布。植被破坏后，原有固定风沙土、固定沙丘复活，沙质栗钙土沙化，致使生态环境更加恶劣。

坝上地处京津及华北平原的上风口，与北京的最近距离仅 100 余千米，而海拔却高出 1 500 多米，该区冬春季节盛行西北大风。植被稀少、沙源裸露、气候干燥、大风盛行，构成了扬沙天气的必要条件，河北省坝上地区和上游的浑善达克沙地被确定为北京沙尘天气的重要沙尘源区。

坝上地区生态林建设存在的问题：

① 该区域林木树种少，生产上又侧重于乔木树种，重点使用落叶松、杨树等大面积造林。由于上述原因，造成目前坝上地区人工纯林较多，植物种类较少，不利于生物群落的进一步演替，也降低了森林抵御外界干扰的能力。以 2002 年春季为例，由于上一年冬季气温反常（偏高），松毛虫危害严重，短短 1 个月内连续爆发 32 次大规模虫害，造成了严重损失。

② 采用无性系造林，不利于基因多样性的形成。在营造生态公益林时，受传统营林思想的影响，有些地方的有些树种采用无性系造林。不利于物种进化和抵御外界干扰，遇有特殊气象灾害或重大森林病虫害时，很可能会全军覆没。

③ 各造林地间相互独立，不利于物种间的信息交流。由于行政区的划分或造林规划的限制，现有造林地的各地块间相互独立，独立的造林地形成了相互独立的林分。从长远看，林分的相互隔离降低了林分间花粉、种子及其他生物相互渗透的能力，不利于生物多样性的形成。

2. 河北省湿地

20 世纪五六十年代，河北省湿地资源丰富，类型众多，既有浅海、滩涂，又有陆地河流、水库、湖泊及洼地，占全省土地总面积的 5.9%。

20 世纪 50 年代，河北省面积 6.67 平方千米以上的洼淀共 1.108 万平方千米，目前仅有 600 平方千米。东部平原原有 11 490 个较大坑塘，蓄水能力达 1.15 亿立方米，现已绝大部分干涸。全省水面覆盖率由 20 世纪 50 年代的 2.9%降到 80 年代的 0.2%。

海河水系有悠久的通航历史，以天津为中心沟通河南、山东和北京、保定、邯郸、邢台、石家庄、唐山等城市，1960 年通航 3 100 千米，一年有 180～300 天的通航时间。进入 20 世纪 70 年代，河道少水且经常断流，到 1980 年通航仅剩 29 千米，目前航运里程变为零。

20 世纪 60 年代，河北省仅平原湿地就有 30 多处，洼淀内都存着水。而 70 年代初期，位于邢台、面积为 1 000 多平方千米的宁晋泊、大陆泽湿地还是常年有水，从 70 年代后期起，由于气候变化和生产生活用水的增加，该地区便逐渐走向干涸。像这样消失的湿地还有很多。

（1）河北重要湿地

① 唐海湿地（省级湿地保护区），位于唐山市唐海县，南接渤海，面积 5.4 万公顷，是滨海复合型湿地，包括滩涂湿地、内陆湿地、人工湿地 3 大类型。

② 白洋淀湿地（省级湿地保护区），白洋淀三分陆地，七分水面，总面积为 366 平方千米，由 100 多个大小不等的淀泊和 3 000 多条沟壕组成。其中较大的淀泊有白洋淀、烧车淀、捞王淀等。

③ 南大港湿地（省级湿地保护区），位于河北省沧州市东北 70 千米的渤海岸边，是著名的退海河流淤积型滨海湿地。湿地总面积 16 000 公顷，由草甸、沼泽、水体、野生动植物等多种生态要素组成。

④ 闪电河（省级湿地保护区），沽源县闪电河湿地位于河北省最北部的坝上高原，包括闪电河和葫芦河两大水系，是由河流、草原、滩涂组成的内陆复合型湿地。湿地总面积 272.22 平方千米，是坝上地区一个重要的生态屏障，也是环京津地区的水源地之一。

⑤ 昌黎黄金海岸湿地（七里海湿地和滦河口湿地）（国家级湿地保

护区），七里海和滦河口，都是昌黎黄金海岸自然保护区的重点湿地保护区。位于昌黎县城南偏东 16.5 千米处的七里海湿地，是渤海沿岸独一无二的泻湖。

⑥ 石臼坨（省级湿地保护区），位于乐亭县西南部渤海湾中，是河北省唯一的一个海岛型湿地保护区。石臼坨面积 2.34 平方千米，是我国东北、内蒙古及西伯利亚、朝鲜、日本和南方地区之间鸟类迁移的交汇点，被誉为“鸟岛”。

⑦ 永年洼，永年洼是继白洋淀、衡水湖之后的华北第三大洼淀，属于内陆湖泊湿地。永年洼位于邯郸市东北 20 千米处的广府镇，面积达 4.6 万亩。洼淀陆面平均海拔 41 米，比城南的滏阳河还低 2 米。

⑧ 海兴湿地（省级湿地保护区），海兴湿地位于河北省沧州东部海兴县境内，临近渤海湾，是在河流动力和海洋动力综合作用下形成的浅滩、沟槽、沼泽和积水湿地等组成的复合型滨海湿地，总面积 260 平方千米。

⑨ 衡水湖（国家级湿地保护区），位于河北省南部衡水市境内，衡水湖总蓄水面积 75 平方千米，蓄水能力 1.88 亿立方米。

⑩ 冶河湿地（县级湿地保护区），属于河流湿地，冶河是一条千年古河，河源于山西省昔阳县窑上村，自南西焦村入平山县境内，最后汇入黄壁庄水库。流经平山县 7.5 千米，流域面积 97.2 平方千米。湿地面积达 2.7 万亩，被平山县列为县级湿地保护区。

⑪ 北戴河湿地，被国际湿地保护组织命名的“北戴河湿地”是沿海滩涂湿地，有 6600 多公顷森林、50 多万亩湿地。

（2）河北湿地衰减的因素

① 湿地开发利用造成湿地面积急剧减少。河北省对湿地进行了大规模的开发，先后建立了中捷农场、南大港农场、柏各庄农场（现在的唐海县）等，将大量的湿地改造成为农田。另外，在河北省养虾高潮时期，大量的湿地被开挖成虾池，随着养殖效益的降低和虾病的发生，大批虾

池被废弃，但湿地资源已经遭到破坏。

② 湿地开发缺少总体规划。一些地区和部门将湿地片面视为“未利用土地”，过度开发，致使湿地面积减小，湿地退化。

③ 湿地受到污染加剧的威胁。由于造纸、化工、制碱、石油工业的发展和城市人口的增加，大量排放的工业废水和生活污水造成水域污染，使湿地生物大量死亡或逃逸，造成生物多样性下降。

④ 补水减少，造成湿地退化。首先是自然原因，河北省年降水量呈逐年减少趋势，导致湿地补水不足；其次，由于生产生活用水量急剧增加，只有依靠超采地下水来补足，严重超采导致地下水位迅速下降，致使全省 400 多条河流绝大部分干涸，远远超过水资源的负担能力，继而造成湿地逐渐萎缩。

⑤ 自然原因使湿地环境遭到破坏。因风暴潮、暴雨等自然因素使湿地沉入水下，湿地植被遭受破坏。

（二）水土流失

1. 河北省水土流失分布区及特点

河北省的水土流失主要分布在坝上高原风蚀区、冀西北间山盆地区、燕山山地丘陵区和太行山地丘陵区 4 个类型区。

水土流失特点：

① 水土流失面积大，中度以上侵蚀占的比例较大。2000 年河北省水土流失总面积 62 957 平方千米，占全省土地总面积的 33.0%，占全省山地丘陵面积的 55.5%，是全国水土流失比较严重的省份之一。

② 中度水土流失呈减小趋势，但耕地水土流失面积和草地水土流失面积成扩大趋势。2000 年较 1986 年，全省水土流失总面积减少了 410 182 公顷。耕地水土流失面积和草地水土流失面积均成扩大趋势，2000 年比 1986 年分别增加了 478 492 公顷和 75 838 公顷。

③ 水土流失使泥沙淤积河道，水资源受到影响。据对岗南、口头、黄壁庄、横山岭、西大洋、安各庄 6 座水库观测，从拦洪到 1979 年汛期已淤积 4.7 亿立方米，相当于每年淤死一座中型水库；官厅水库 1954 年建库，已淤积 1.21 亿立方米，坝前最大淤积深度达 23 米。

2. 水土流失成因分析

河北省水土流失的成因是多方面的，可以概括为自然因素和人为因素。

（1）自然因素

气候条件：河北省降水年际、年内分布极不平衡，且呈减少趋势（近年来平均年降雨量减少到 500 毫米以下）。

地形：河北省燕山山区、太行山山区、冀西北间山盆地沟壑密度大，山坡坡度陡，坡面长，为土壤侵蚀和水土流失的发生发展提供了客观条件。

土壤：河北省山区土壤多为花岗片麻岩、砂质岩和石灰岩等风化形成的土壤，加之地表组成物质又多沙土、沙壤土及粉沙黄土等，团粒结构差，易于冲刷，造成水土流失。

植被：河北省山区植被覆盖度低，大量土地裸露，易被冲刷形成水土流失。

（2）社会因素

乱砍滥伐，结构不合理，由于乱砍滥伐，森林生态系统破坏严重，2000 年河北省森林覆盖率为 19.5%，人均面积仅为全国水平的 43%。

过度放牧，由于放牧失控，对草场的破坏甚至是毁灭性的，其结果是使草地土壤可侵蚀性升高，使草地退化、土地沙化。

资源开发不合理，河北省国有矿山 400 多个，乡镇、集体、个体矿山 13 000 多个。由于投资规模小，生产方式落后，且缺少水土保持措施，生产过程中大量剥离表土，破坏山地植被，造成严重的水土流失和库区泥沙淤积。

陡坡开荒，坡耕地是水土流失的主要对象，又是山区人民赖以生存的土地资源。河北省山区坡耕地分布范围十分广泛，面积巨大。由于土壤保水保肥能力差，易形成水土流失，造成农业生态系统脆弱。

乱挖药材，采集薪柴，草原特有的经济植物和药材如虫草、麻黄、天麻等，经常受到掠夺性的采掘，破坏草场植被，致使草原千疮百孔，引起风蚀和水土流失。过度采集薪柴也是草原植被遭破坏和土壤沙漠化的重要原因。

四、资源利用问题

（一）耕地资源利用问题

据资料显示，2008 年全省耕地面积 598.89 万平方千米，人均不足 0.001 平方千米，低于全国平均水平。远低于世界人均耕地（0.37 平方千米）的水平。

1. 河北省耕地资源现状

近年来，河北省耕地面积没有完全达到“占补平衡”，实际上耕地仍在逐年减少，而且逐年减少的趋势仍未得到控制。即使补充了一定量的耕地，也大都是“占优补劣”。2005 年内增加耕地数量 0.81 万公顷，而年内耕地减少数量 5.34 万公顷。

全省常用耕地面积为 5988.9 万公顷，其中水田为 103.9 万公顷，占总耕地的 1.6%；水浇地 4443.8 万公顷，占总耕地面积的 69.47%；临时性耕地面积为 407.3 万公顷（其中 25° 以上陡坡耕地 6.01 万公顷），占总耕地面积的 6.37%。耕地面积总量高产、稳产田逐年减少。农药、化肥、农膜的使用量逐年上升。某些区域大量及不合理地使用农药、化肥、农膜等农用物资，尤其是部分地方农业环境污染问题突出，造成土地肥力下降，土壤质量退化。全省共有 244 668 公顷未利用地，其中干裸沙滩 16 642 公顷，重盐碱地 13 061 公顷，裸岩 214 965 公顷。

2. 耕地资源中存在的问题

① 用养脱节，投产失调，地力下降。重用地轻养地的观念近期难改变，加上调控能力弱，土壤再生能力持续下降。

② 水土流失，设施老化，抗灾力弱。河北省燕山、太行山以及冀东部分丘陵区多为棕壤土类，砾石较多，这些土壤结构性差，透水持水能力低，水土流失问题严重，且水利设施不完善，对提高耕地质量有着制约作用。

③ 占补失衡，产权不明，流转艰难。农业建设占地和灾害毁地，是耕地减少的主要原因。耕地产权制度的不完整性表现在农村耕地使用权的流转步履维艰，造成大量耕地荒废。

④ 肥、药量大，“三废”难治，污染严重。耕地污染源主要来自农业本身的化学污染和工矿业的“三废”污染。河北省农田污染正在加剧，污染农田占耕地总面积的 1/6 以上。

（二）水资源利用问题

河北与周边省市同处于水资源短缺的华北地区，随着社会经济的发展，特别是 20 世纪 80 年代以来对水资源开发利用程度越来越高，达到了超常规开发的地步，造成入境水量锐减，自产水量明显减少，出境、入境水量衰竭。目前社会经济的发展全靠掠夺性开采深层地下水、超采浅层地下水来维持，掩盖了河北省严重缺水的矛盾，并造成水环境严重失衡恶化。

1. 资源型水危机十分突出

华北是全国最缺水的地区之一，河北省处在其中心地带，缺水更为严重。

2. 自产地表水资源量大幅度减少

由于大规模开采地下水，20 世纪 80 年代以来地下水位大幅度下降，使地表水资源量明显减少。多年平均地表水资源量由原来的 152 亿立方米减少到 125 亿立方米，减少了 17.8%。

3. 入境水量锐减，可利用量减少

入境水量是河北省可利用水资源量的重要组成部分。但由于上游省区工农业用水量的不断增加，流入河北省的水量急剧减少。

4. 出境、入海水量锐减

由于河北省近年来经济发展，用水增多，出境水量大幅度减少。

5. 地表水超常规利用造成河北地表水减少及污染加剧

河北省地表水资源开发利用程度很高，按国际通行惯例，地表水利用率超过 20%，对生态环境开始有影响，超过 40%产生严重影响。河北省已远远超过这个界限，所造成的生态环境问题是触目惊心的。

省内常年有河流消失。据中线供水区 17 条主要河道调查统计，1980—1997 年平均河干天数达 335 天，人们称之为“有河皆干”。

河道断流，排放入河污水得不到稀释，无水河段逐年加长。1997 年对全省有径流的 6998 千米河道监测结果表明，水质为Ⅰ～Ⅲ类的河长 1545 千米（主要分布在山区），占监测河长的 22%，水质为Ⅳ类的 818 千米，水质为Ⅴ类的 535 千米，劣Ⅴ类河长达 4100 千米。水质在Ⅳ类以上的河长占监测河长的近 80%，所以人们称之为“有水皆污”。

6. 浅层地下水资源量减少，超采严重

由于地表水严重不足，河北省社会经济发展靠超采地下水维持，地下水超采，使得地下水位持续下降，造成降水入渗补给困难，地下水的储量不断减少。

7. 大量动用深层后备水源

20 世纪 70 年代由于地表水资源的严重缺乏，不得已将后备水源当做正常的淡水开采。目前深层淡水已不再为承压水状态。

8. 地下水高强度持续超采带来一系列严重后果

长期大面积超采地下水，带来地下水水位普遍下降，降落漏斗丛生，含水层疏干，地面沉降，泉水断流，海水入侵、咸淡水界面下移和扩展等一系列生态环境地质问题。

（三）海洋资源利用问题

① 海洋生物资源严重退化是河北省海洋资源及其开发利用存在的最严重问题，已经从主要经济资源品种数量锐减乃至消失，发展到海洋生态系统生产力和多样性锐减。1984—2003 年，全省海洋生物资源量和最大持续产量减少了 85%，生态多样性也有明显下降。陆源污染长期未能得到治理，造成海域富营养化，引发赤潮灾害的生物种群大量繁殖，抑制了可利用的动植物资源的生存与繁衍。加之捕捞强度尚未合理控制下来，造成海洋生物资源严重退化。

② 秦皇岛游泳沙滩严重侵蚀是河北省海洋资源及其开发利用存在的又一严重问题，对这一地区滨海旅游业发展产生了严重威胁。沿海河流入海水量锐减，是旅游沙滩严重侵蚀的最主要原因。

③ 全省海洋及海岸带环境与生态的全面退化是河北省海洋资源开

发中存在的最复杂、影响面最广的整体性突出问题。1984—2003 年，全省海洋资源系统开发利用总体上处于不可持续状态，海水质量进一步恶化、生活污染物排放不断攀升、海洋生态系统生产力和多样性迅速下降、赤潮灾害趋于严重、风暴潮损失不断加大、滨海湿地严重萎缩。海洋资源不合理过度开发和粗放型利用、各类污染防治滞后、过度捕捞、水资源短缺和防灾减灾能力建设不足等因素，是海洋生态与环境全面退化的主要原因。

第三章　环境科学研究

随着环境保护事业的蓬勃发展，环境保护科学技术也应运而生。从20世纪70年代中期进行城市工业污染防治，开展工业废水、废气、废渣监测开始，河北省广泛开展了污染治理和科学技术方面的研究，尤其在环境监测、水污染防治、大气污染防治、固体废物污染防治、噪声污染防治等方面成效显著。这些科研成果广泛应用于环境保护各个领域，促进了河北省环境管理制度的建立，提高了环境管理能力和科学决策的水平。

第一节　科学研究机构

一、河北省环境科学研究院

（一）基本概况

河北省环境科学研究院是河北省环境保护厅直属的环境保护科研机构，建于1975年。院内设环境规划研究所、区域生态环境研究所、水环境科学研究所、污染控制与预防研究所、固体废物资源化研究所、河北省清洁生产中心、河北省固体废物管理中心、国家制药废水污染控制工程技术中心和河北省水环境科学实验室。

在院工作人员共79名，其中工程师以上科技人员39人，占49%，硕士以上学位科技人员29人，占37%。

持有环境保护部颁发的环境影响评价甲级资质（国环评证甲字第1203号），业务范围包括：地表水、地下水、海水、气、声、固体废物、生态、水土保持、社会经济等环境要素，轻工纺织化纤，化工石化及医药，冶金机电，建材火电，社会区域行业的建设项目。

持有环境工程设计乙级（环发[2001]74 号）、进口废物环境风险评价、水土保持评价以及规划环境影响评价等资质。

近年来，河北省环科院以“学科重组、转换机制、培养人才、开放创新”为中心，构建环境科技创新体系，努力为政府决策服务，为经济建设服务，为社会发展服务。多次圆满完成政府下达的指令性科研任务，在解决重大环境问题、完善环境管理制度、编制环境规划、制定技术法规和地方标准、开发污染防治技术、危险废物处理处置、生态修复、环境示范工程以及推动循环经济建设等方面，发挥了重要的引领和支撑作用，为河北省经济社会可持续发展提供了强有力的技术保证。

（二）河北省环境科学研究院职能

负责全省环境规划、区划、区域开发战略环境影响分析研究；地方环境政策、标准的研究、制定工作；环境污染机理、生态环境安全、环境管理技术方法、污染物减排与总量控制方法的研究；重大区域和流域环境问题、污染事故成因、环境灾害防范的研究；河北省固体废物管理中心工作；河北省清洁生产中心工作；国家环境保护制药废水污染控制工程技术中心工作；河北省水环境科学重点实验室工作；为环境保护行政主管部门提供科学技术支撑。

（三）内设机构及职能

1. 环境规划研究所

承担全省经济社会可持续发展环境战略及政策研究；承担编制全省中、长期环境保护规划、计划，城市环境综合整治规划，区域、流域污染控制规划及方法研究；承担全省社会经济发展重大决策的战略环境影响分析；承担地方环境保护标准的研究，为全省经济社会可持续发展和环境管理宏观决策提供科学依据。

2. 区域生态环境研究所

承担区域生态环境保护规划、生物多样性规划、自然保护区规划，生态示范区、生态旅游区、生态农业环境规划及方法研究；负责生态恢复技术、生物技术环境安全、生态灾害和湿地保护技术研究；负责对生态环境影响评价技术和方法进行研究，为政府生态环境管理提供科学依据和技术支持。

3. 水环境科学研究所

承担水环境保护战略及技术政策研究；承担水环境功能区划、水污染物总量控制、水环境管理技术方法、水污染防治机理的研究；承担城乡饮用水水源保护、水体有机微污染、湖泊富营养化机理与控制、水污染控制重大攻关技术和共性技术的研究，为政府水环境管理和综合决策提供科学依据。

负责国家制药废水污染控制工程中心的工作，即制药废水处理关键技术与成套装备的研发及应用，制药行业水资源管理信息化及优化调控，绿色产品设计，制药行业废弃物生态安全与重大事故应急体系的构建，制药行业污染防治技术政策及标准研究。负责河北省水环境科学实验室的工作，即区域水环境保护及政策规划研究，水污染控制及生态修复技术，水资源安全及管理。

4. 污染控制与预防研究所

承担工业环境保护技术政策、环境污染控制高新技术及清洁生产技术方法研究；承担全省环境工程设计规范、标准、管理办法及技术纲要的编制工作；承担环境保护科技示范工程及高新技术的评估和推广工作，为河北省经济发展及宏观决策提供科学依据和技术支持。

5. 清洁生产中心

制定全省清洁生产技术指南，指标体系及清洁生产规划；开展清洁生产宣传培训，提供清洁生产咨询服务；指导企业开展清洁生产审核，组织有关专家对企业清洁生产方案进行论证；建立清洁生产专家库和信息库，向社会和企业提供清洁生产技术信息、可再生利用的废物供求以及清洁生产政策等方面的信息服务。

6. 固体废物资源化研究所（固体废物管理中心）

负责固体废物污染防治规划、技术政策、固体废物（液体）资源化管理技术方法研究；负责危险固体废物的污染调查及安全处理与处置研究；负责河北省固体废物进口、危险废物越境转移环境管理技术性和事务性工作，为政府固体废物环境管理及资源化提供科学依据和技术支持。

7. 国家制药废水污染控制工程技术中心

国家制药废水污染控制工程技术中心隶属环境保护部，依托河北省环境科学研究院、华北制药集团环境保护研究所和河北科技大学联合建设，是具有行业特色并可凝聚、释放“产、学、研”联合研发潜能的环境科研创新平台和产业化研发基地。其主要创新方向是：制药废水处理关键技术与成套装备的研发及应用、制药行业水资源管理信息化及优化调控、绿色产品设计及清洁生产、制药行业废弃物生态安全与重大事故应急体系的构建以及制药行业污染防治技术政策及标准研究等。

8. 河北省水环境科学实验室

河北省水环境科学实验室于“十五”期间经省科技厅、发改委和财政厅批准并投资建设。实验室的主要任务和创新方向是：针对事关河北省可持续发展和社会稳定的重大环境问题开展区域水环境保护及政策规划研究、水资源安全及管理、水污染控制及生态修复技术等方面的科学研究。

（四）科研设备

配有 7500a 型电感耦合等离子体质谱仪、LCQ Advantage MAX 型离子阱质谱仪、HP5973/6890 型气相色谱—质谱联用仪、LC1100 型高效液相色谱仪、专家 600 型原子吸收、DX600 型离子色谱等检测设备，仪器设备专属性强，选择性广，灵敏度高，从原子类光谱、色谱类光谱到分子类光谱，功能齐全、国际一流。

（五）对外交流与合作

与荷兰瓦格宁根大学联合研发高浓度有机废水处理关键技术设备——UASB 生物反应器，与美国戴安中国有限公司联合建立了“中国北方—戴安环境研究联合应用示范实验室”，与澳大利亚总商会联合建立了“中澳（河北）环境科学技术发展中心”，与华北制药集团、河北科技大学联合创建了“国家环境保护制药废水污染控制工程技术中心”，与清华大学举办了“环境工程硕士（河北）班”，与河北大学联建了“环境工程硕士学位授权点”和“河北省循环经济研究院”，与中国环境管理干部学院联建了“河北省生态环境研究所”。

二、高等院校环境相关院系

河北省高等环境教育稳步发展，截至 2008 年，河北省共有普通高等院校约 105 所，其中开设环境保护相关课程的学校有 10 所，分别为：河北大学、河北工业大学、燕山大学、河北理工大学、河北科技大学、河北工程大学、河北农业大学、河北师范大学、华北科技学院、中国环境管理干部学院。

（一）河北大学化学与环境科学学院

化学与环境科学学院是河北大学开展环境教育的学院，其前身是 1951 年创办于天津的国立津沽大学师范学院化学系，后几经变更，1960 年定名为河北大学化学系，2000 年在整合原有化学系和学校理化中心资源的基础上，更名为化学与环境科学学院。学院下设化学、材料科学、环境科学 3 个系和 1 个河北省实验教学示范中心，现有化学、材料化学、环境科学、高分子材料与工程、环境工程 5 个本科专业；化学博士后科研流动站 1 个，分析化学、高分子化学与物理 2 个博士学位授权点，分析化学、无机化学、有机化学、高分子化学与物理、应用化学、物理化学、材料物理与化学和环境科学 8 个硕士学位授权点；拥有分析化学、高分子化学与物理 2 个省级重点学科，1 个省级重点实验室（分析科学技术），2 个省级实验室（科技部工程塑料研究室、河北大学理化测试中心）；设有 1 个校级研究中心（纳米材料研究中心）以及 4 个研究所。目前拥有专业实验室面积 14850 平方米，万元以上仪器设备 411 台（件），设备总值 3968.7 万元。学院资料室的中外文藏书 4 万余册，拥有中外文期刊 200 余种。

（二）河北工业大学能源与环境工程学院

能源与环境工程学院是河北工业大学开展环境教育的学院，学院设热能与动力工程系、建筑环境与设备工程系和环境工程系等 3 个系，拥有一支精干和高水平的师资队伍，现有教授 8 人，副教授及高级工程师 7 人，70%的教师具有博士学位。学院现有热能工程和供热、供燃气、通风及空调工程 2 个硕士学位授权点，热能工程学科是河北省的省级重点学科，也是列入该校“211 工程”重点建设的学科。热能工程、建筑环境与设备工程及环境工程是多学科交叉、高新技术集中的科学技术领域，学院目前初步形成了以热能与动力工程、环境工程、建筑环境与设备工程等 3 个学科为支撑的能源与环境学科群，在办学上已具备了专业交叉、优势互补、相互支撑、宽口径培养的条件。学院目前承担国家“十一五”科技支撑计划 2 项、国家自然科学基金 2 项，省部级科技支撑计划项目及自然科学基金项目等 8 项，取得了一批高水平的研究成果。

（三）燕山大学环境与化学工程学院

环境与化学工程学院是燕山大学开展环境教育的学院，学院现有教职工 83 名，教授 18 名（其中博士生导师 5 名），副教授 21 名。具有博士学位的教师 23 名，具有硕士学位的教师 24 名。学院现有一个应用化学专业二级学科博士点，应用化学、化学工艺、化工过程机械、环境工程等 4 个二级学科硕士点和化学工程与工艺、应用化学、环境工程、过程装备与控制工程及生物工程等 5 个本科专业和 1 个实验中心。近年来，学院教师在国内外重要学术刊物上发表论文 300 余篇，出版专著、教材 10 余部。学院承担并完成国家自然科学基金、省自然科学基金、市科研项目 20 余项，获奖 8 项。此外学院在科研开发上与一些企业建立了广泛、密切的合作关系，多项成果转让或被采用，为国家和企业创造了近亿元的经济效益。

（四）河北理工大学资源与环境学院

资源与环境学院是河北理工大学开展环境教育的学院，学院下设采矿、选矿、地质、环境、安全、石油 6 个系，设有采矿工程、矿物加工工程、资源勘察工程、环境工程、环境科学、安全工程、石油工程等 7 个本科专业；拥有采矿工程、安全技术及工程、矿物加工工程和地质工程 4 个硕士学位授权点和矿业工程、安全工程 2 个工程硕士学位授权领域。学院现有教职工 66 名，教授 13 名，副教授 18 名，博士 25 名，在读博士 6 名，硕士生导师 25 名。拥有河北省矿业开发与安全技术省级重点实验室，唐山市矿业开采与安全技术重点实验室和唐山市新型环保技术 2 个市级重点实验室，河北省地质矿产本科教育创新高地，河北省矿业开发安全技术教学团队，采矿工程和安全工程是国家第二类特色专业。近年来，完成国家、省市各类纵向科研课题多项，获省部级科技进步奖 10 余项，厅局级科技进步奖 20 余项，在国内外发表学术论文 400 余篇，被三大索引收录 40 余篇，出版教材、学术专著 20 余部，已形成矿山安全理论与技术、采矿技术及工艺、矿山岩石力学、矿物加工与资源高效利用、矿山生态恢复与重建等多个特色科研方向。目前承担国家“863”计划项目、国家自然科学基金项目、“十一五”国家科技支撑计划等课题共 62 项。

（五）河北科技大学环境科学与工程学院

环境科学与工程学院是河北科技大学开展环境教育的学院，学院现有环境工程、环境科学、给水排水工程、安全工程 4 个教学系。其中环境工程专业于 1977 年招收本科生，是国内首批设置环境类专业的 7 所高校之一。学院现为教育部环境工程教学指导分委员会成员单位和高等学校安全工程学科教学指导委员会成员单位，拥有环境科学与环境工程一级学科硕士学位授权点，环境工程专业为省级重点学科。“环境教育创新高地”建设项目于2007年10月，通过了河北省教育厅的评审。依托学院人才、科研和基础条件优势，组建有国家环境保护制药废水污染控制工程技术中心、河北省污染防治生物技术实验室、石家庄市固体废弃物资源化利用工程技术研究中心、石家庄市循环经济工程技术中心和石家庄市水处理工程技术中心。持有环境保护部颁发的环境影响评价证书、河北省环境保护厅颁发的环境工程设计资质和清洁生产审核资质证书。多年来，学院的学科建设、人才培养、科学研究紧密结合区域经济建设与发展实际，取得了丰硕成果。已形成了“水污染控制及资源化”、“工业废气控制技术与设备”、“环境监测生物传感器技术”、“绿色分离理论及技术”等稳定的研究方向。近年来承担国家、省部科技攻关、重点项目、重大项目及自然科学基金项目共40余项，获省部级科技进步二等奖7项、三等奖21项；共发表论文468篇，申报专利21项；出版专著教材20余部；完成科研成果工程示范30多项，为区域经济建设作出了贡献。发表教研、教改文章42篇；教研成果获河北省优秀教学成果一等奖1项、二等奖2项、三等奖5项。

（六）河北农业大学资源与环境科学学院

资源与环境科学学院创建于2000年，现设4个系，即土地资源系、环境科学系、土壤科学系和植物营养与肥料科学系。并辖“二所二中心”，即土地资源管理与利用研究所、环境保护与环境工程研究所、无公害肥料工程技术开发培训中心和土壤肥料与环境测试中心。学院现有教职工45人，其中教授14人，副教授7人，教师中具博士学位的20人，硕士学位的8人。在科研方面，围绕资源可持续利用与环境保护的两大基本国策，坚持以社会主义市场经济建设为主战场，承担了多项国家及省“九五”、“十五”重大科技攻关项目，在研课题50余项，总经费达到700余万元。先后获得国家科技进步三等奖1项，省科技进步一等奖2项，二等奖11项，三等奖16项。这些成果的推广与应用，取得了显著的经济效益、社会效益和生态效益，“三农”服务成效显著。

（七）河北师范大学资源与环境科学学院

河北师范大学资源与环境科学学院是由地理学系和人口研究所于1998年11月16日合并而成。学院现有教职工64人，其中专任教师49人，教授19人，副教授16人；博士生导师2人，硕士生导师27人；国务院特殊津贴专家2人，国家级教学名师1人，河北省有突出贡献中青年专家2人；校级一档教授1人，学术带头人5人，中青年骨干教师7人。学术队伍中，有硕士、博士学位的教师占总数的80%。现有地理科学、地理信息系统、资源环境与城乡规划管理、旅游管理、环境科学5个本科专业和房地产经营与估价专科专业。其中地理科学、资源环境与城乡规划管理2个本科专业2008年被评为河北省本科教育特色品牌专业，地理信息系统被评为校级特色专业。“环境教育创新高地”被评为河北省高等学校本科教育创新高地。拥有自然地理学、人文地理学、地图学与地理信息系统和人口资源与环境经济学4个硕士学位点，同时招收地理学教育硕士研究生。2005年获地理学一级学科硕士学位授予权，同年与生命学院联合招收生态学专业博士。2005年自然地理学被批准为河北省重点学科。2007年环境演变与生态建设实验室被批准为河北省重点实验室，并与数信学院共建河北省数学与3S实验室。2003年以来，主持或承担科技部重大基础研究前期研究专项1项，“十一五”科技支撑计划项目专题1项，“863”项目子课题2项，国家自然科学基金重点项目1项，国家自然科学基金面上项目13项，教育部、国土资源部等部委项目6项，省级重大（点）科研项目3项，省自然科学基金项目11项，其他省级项目12项，各类科研项目累计经费6060万元。形成了一批高水平研究成果。获省部级各类科技成果奖励19项，国家发明专利1项。具有土地规划、建设项目环境影响评价、测绘、地质勘察、旅游规划设计、海洋功能区划等资质。长期以来，一直承担河北省国土资源评价、生态环境保护、城乡规划、旅游规划等研究项目，大量成果被政府和国土、环保、林业、水利、建设等部门采用。

（八）华北科技学院环境工程系

目前环境工程系下设环境工程、矿物加工工程和化学工程3个教研室，1个实验中心（包括环境工程、矿物加工、化学工程和基础化学4个实验室和1个计算机机房）。现有教职工32人。系内专任教师26人，占81.25%，现有教授7人，副教授及高工9人，中级职称8人，初级职称7人。副高职以上人员占教职工的50%。博士后1人，博士2人（在读博士4人），硕士15人，本科12人，专科1人，高中1人。有硕士及以上学位人员18人，占教职工的56.25%。专任教师中45岁以下的中青年教师25人，35岁以下的青年教师17人。

（九）中国环境管理干部学院

中国环境管理干部学院是1981年经国家城乡建设环境保护部批准、教育部备案的一所以培养环境保护专业人才为主的全日制高等学校，是中国最早开展环境教育的高校之一。学院现有教职工433人，教师279人，其中博士10人、硕士146人，正高级职称16人、副高级职称60人，在校学生6056人。

近十年来，组织编写的60余种各类专业教材已公开出版发行，其中10余种列为省部级优秀教材，5种列入教育部“十一五”规划教材。取得教学科研成果150余项；经国家新闻出版总署批准出版的《中国环境管理干部学院学报》面向全国公开发行。

学院积极开展学术交流与合作，与美国、日本、荷兰、德国、加拿大、奥地利、朝鲜以及中国香港、澳门、台湾等十余个国家和地区的大学或环保机构建立了友好关系，与欧盟及主要国家的环保学术机构或组织保持着密切的经济技术合作与高层学术交流。

拥有先进的污水处理实验室（荷兰政府援建）、大气污染控制实验室、噪声控制实验室、固体废弃物处理实验室、环境监测实验室、原子吸收气相色谱等大型仪器实验室、电子电工实验室和微生物等实验室和实训教学设施，装备了先进的实验仪器和设备供学生实验、实训和实习。环境工程系依托秦皇岛市的4个大型污水处理厂、秦皇岛港务局、秦皇岛耀华玻璃集团、秦皇岛热电厂、燕山大学工程训练中心、秦皇岛市环境保护监测站等十余个重点单位，联合建立了一批实习实训基地，为各专业的实践教学提供了有力保障。

第二节　环境科学研究领域

1979—2008年，有案可查的环境保护科学技术成果有417项，其中获得部级以上奖的有48项，省环境保护科技进步一等奖的有14项，省环境保护科技进步二等奖的有53项，省环境保护科技进步三等奖的有105项。

一、水环境综合整治研究

（一）基础研究

1990年，冶金工业部勘察研究总院通过对莱钢地区100平方千米水文地质测绘和物探测试得到了地表水、地下水和污水之间的关系及地下水的主要污染物；经渗漏调查确定了渗漏段的位置，测出排污渠与汶河纳污段的平均渗漏率为25.91%和54.57%；预测到了扩建后河渠的渗水位置及水质；通过水团追踪测定了降解物质降解速度常数和悬浮物沉降系数；测定了包气带地层的渗透系数；测定了土柱对挥发酚、氰及氰化物的吸附自净能力以及氰化物的饱和吸附容量；通过弥散试验，测得了潜水层纵横向弥散系渗透系数和孔隙度；经岩溶水示踪试验，揭示了污染物在灰岩含水层中的扩散形式及衰减自净规律。

为了准确了解水文地质情况，邯郸市环境监测站进行了含水层砂砾土试验、试坑渗水试验和野外弥散试验，确定了含水层的孔隙比、孔隙率和试层非饱和土的渗稼系数；得到了含水层纵向弥散率和有效孔隙率，取得了研究地下水污染物迁移的第一手资料，为进一步研究地下水污染的变化奠定了基础，应用质量守恒定律、达西定律和费克定律，研究了地下水时空分布规律，推导出水质预测模型，并利用数学模型和统计模型相与验证，摸清了地下水主要污染物和污染源以及污染物的迁移转化规律，并对地表水与地下水提出了可行的治理对策。1992年“化工区地下污染预测与防治研究”获省环境保护科学技术进步四等奖。

河北科技大学通过对固体废渣的土柱淋滤实验，确定了铬渣、钡渣在不同 pH 值淋溶介质中的最大淋出浓度，并给出了 Cr^{3+}、Cr^{6+}、Ba^{2+} 的淋溶释放曲线，建立了淋溶释放数学模型，探讨了淋溶液中重金属对土壤和地下水的污染规律。确定了当地环境条件下铬渣、钡渣淋溶液中重金属离子在土壤中的渗透系数、饱和吸附量，并预测了铬渣、钡渣等固体废物堆放地周围可能造成的污染程度，为防止固体废物对土壤地下水的污染及被污染地区的修复和环境管理提供了科学依据。该成果达到国际先进水平。2000年“固体废物中重金属对土壤及地下水污染的研究”获国家环境保护科学技术研究成果奖。在此基础上，2002年，河北科技大学验证了不同土壤对铬的吸附过滤能力，铬的存在形态、转化条件，土壤对铬的吸附规律，修正了不同 pH 值条件下总铬的淋溶释放模型。并对固体废物堆放地周围受铬渣污染的土壤中 Cr^{3+}和 Cr^{6+}的存在形态、浓度垂直分布及衰减规律进行了实地测定、验证，为防止固体废物对土壤的污染及被污染地区的修复和环境管理提供了依据。

1992年，保定市环境保护监测站通过对保定城市排水和排污口水质状况的调查统计和静态试验、动态试验，探讨了保定市污水悬浮物沉降规律特点。针对这些，为城市污水处理系统提出了经济合理的预沉淀处理方案，该项研究还对污水中无机悬浮物的测定方法进行了有益探索，并提出了质量控制手段，为市政府进行环境决策提供了依据。

为揭示白洋淀的营养状态，保定市环保所对白洋淀底质现状及底质对水体富营养化的影响进行了调查。调查项目选择与湖泊营养状态有关的重要参数，如 pH、TP、TN、Fe^{2+}、有机碳等。对底质中磷进行了重点研究。查清了白洋淀底质营养盐现状，磷的水平和纵向分布规律及化学形态。调查表明，除府河入渡口积累了一定量的磷外，大部分淀区无明显磷的积累，底质中磷与周围土壤中磷的含量相当。水中磷与底质中磷有显著的相关性，内源性磷对水质富营养化有一定影响。减少外源性磷入淀的同时，局部清淤是必要的。1995 年“白洋淀底质现状及对水体富营养化的影响”获河北省环境保护科技进步三等奖。

保定市环境科学研究所结合白洋淀地理环境和生态特点，研究了白洋淀中具有代表性点位的富营养化程度和水中溶解氧的时空变化规律，研究了多项环境因素对溶解氧的影响、富营养化对鱼类生存的影响及各代表点位的富营养化程度；研究溶解氧的时空变化规律，提出了解决死鱼事件的方案。1995 年“白洋淀富营养化程度与水中溶解氧关系的试验研究”获河北省环境保护科技进步三等奖。

2003 年，河北省环境科学研究院完成的“河北省水环境对“十五”计划支持能力研究”中，应用灰色预测理论对河北省 2005 年和 2010 年工业污染物排放量、生活污染物产生量进行了预测和分析，计算了污染物排放削减量及排放量。提出了排污物排放总量宏观评价方法，对预测结果进行了综合评价，并对“十五”计划目标进行了可达性分析。同时，以水环境承载力理论为基础，首次提出了水环境综合支持度的概念，并提出了相应的基础理论与方法，计算了全省及各市水环境综合支持度及其变化趋势以及地区之间的差异，提出了水环境安全保障对策。

河北省水利科学研究院与石家庄市水利局合作采用全方位综合方

法，提出了水资源保护涵养的技术措施、经济调控措施和管理措施，其中采用等价矩阵聚类法，将定性与定量分析相结合，对石家庄市进行了节水分区，制订出石家庄市节水技术推广方案，采用系统工程的理论，建立水资源模拟模型，将地表水地下水联合调度、多年调节，提出了立足当地水源、地表水地下联合运用的涵养地下水技术方案及既承载当地经济发展，又能保护涵养当地水资源所需的外调水量，建立多维动态规划的水资源优化配置模型，由宏观到微观，层层优化，多级配置，优选出合理的、经济效益高的工农业产业结构，采用模糊数学理论，建立水资源价值量综合评价模型，对石家庄市的水资源价值进行了综合评价，进而用最大水费承受指标法，分析确定出石家庄市合理水价标准。2003年“石家庄市水资源保护涵养研究与示范”获河北省科技进步三等奖。

2004年，河北省环境科学研究院、石家庄市监测站首次系统地对河北省省会石家庄市地表饮用水水源——岗南、黄壁庄水库周边污染源、水体水质状况、富营养化程度、变化趋势，以及水库缘水中污染物的种类（重点是“三致物”）、浓度等进行了研究，并提出了工业点源和农业面源污染控制措施、富营养化预防措施以及适宜的饮水污染处理措施，为保证引水安全提供了技术支持。该研究可直接应用于河北省省会地表饮用水水源地污染防治和净水处理的工艺改进。2004年“河北省省会地表饮用水水源微污染及富营养化机理研究”获河北省科学技术进步三等奖。

2006年，河北农业大学该项研究针对当今污染区重金属污染日趋严重的客观实际，深入研究了重金属复合污染效应与净化机理。在理论上揭示和探明了重金属复合污染之间的交互作用机理及影响效应，首次明确了镉—锌—铅重金属复合污染效应表现为非加和性的协同抑制负效应特征；首次探明了不同金属存在形态及分布特征及其与土壤酶活性的关系；在技术上研究了重金属铅、镉、汞对土壤4种胞外酶活性和4种生物体胞内酶及3种微生物的影响效应。

2006 年，唐山市环境监测中心站对唐山市饮用水水体和饮用水水厂及用户端水中的 6 类共 164 种有机污染物浓度进行了检测分析，并对其进行了三类生物毒性的研究；对唐山市饮用水水体有机物污染状况进行了较全面的评价；研究结果表明唐山市饮用水水体有机物污染是以多环芳烃、酚类内分泌干扰物和卤代烃为主；该研究还利用先进的监测分析手段，采用有机物检测和生物毒性综合方法，全面研究分析了唐山市饮用水水体有机物污染状况，从而为饮用水污染防控奠定了基础。

2007 年，河北农业大学完成了“河北省城市污水处理产业化模式体系及其实施策略”，该课题建立了河北省城市化水平与河北省污水排放量之间的函数量化关系，提供了一种水资源利用状况的定量分析方法。通过指数平滑法、灰色预测法和分形理论预测法对河北省城市化水平进行综合预测，为制定河北省城市污水处理产业化模式提供了必要的依据。通过对全国城市污水处理厂现有运行模式的对比分析，确立了管理系统、技术支撑系统和运营系统之间的关系，建立了以城市污水处理系统为主的产业链，提出了实现河北省污水处理产业化的多种模式。提出了解决河北省污水处理问题的有效途径，且目标明确，措施合理可行。该项目旨在实现河北省城市污水处理行业的良性发展，促进产业链的良性循环，从而保证河北省城市水环境的安全。

2008 年，河北省水利水电第二勘测设计研究院在河北省南水北调中线工程实施后，对受水区内地下水环境的影响进行了综合研究。首次结合南水北调中线工程供水能力，从水利资源角度出发，采用大尺度河北平原地下水模型先进方法，阐明了河北省南水北调中线工程受水区（京津以南段）地下水变化状况和可调控性，为缓解该区的水资源紧缺状况和改善区域生态环境规划提供了支撑性科学依据。通过揭示地下水水位与水量互动变化机制，首次应用 Visaul Modflow 建立三维地下水流数值模拟模型预测了南水北调后河北平原南水北调中线工程受水区地下水变化趋势和可恢复性，预测了至 2020 年区内水量均衡变化规律，得出浅层地下水水位明显回升和深层水水位小幅回升的结论。该项目为南水北调供水后地下水合理开采方案的确定提供了重要科学依据。对区域的水资源综合利用与环境保护有广阔的推广应用前景，具有显著的社会效益、经济效益和环境效益。

2008 年，河北农业大学完成了“秦皇岛市水资源状况及可持续利用研究”，该项目在结合秦皇岛市水资源调查研究的基础上，进行了以下研究：在定量分析秦皇岛市水资源量时，将生态环境需水量考虑在内。按计算公式：$Q_{bi}=C_i \times Q_i$（1%～60%）$/C_s-Q_i$（式中：Q_{bi} 为各河段水质达标需水量；C_i 为污染物实测浓度；Q_i 为该河流的年平均径流量；C_s 为规划水质级别相应某污染物的允许浓度）计算出维持河流的合理流量和湖泊、水库、地下水的合理水位，维护水体的自然净化能力，采用适当方法估算出的生态环境用水的最小量，使得出的秦皇岛市水资源的供需关系更加科学合理。在丰水期和枯水期对秦皇岛市主要河流排污口、主要河流监测地面、地表水源地、地下水监测井等主要污染因子进行监测；将河流排污口及支流口污染状况纳入地表水评价与分析之中，将排污口及支流口按污染因子进行了排序。在地下水水质方面，根据秦皇岛水环境状况，选用 pH 值、总硬度、矿化度、氯化物、硫酸盐、氟化物、硝酸盐、氨氮、高锰酸盐指数、挥发酚、总氰、总砷、总汞、六价铬、总镉、总铅、溶解性铁、总锰、亚硝酸氮等 19 项指标进行监测与评价，比国内现有的评价指标更全面。

沧州市水利科学研究所以九河下梢的沧州区域为研究对象，以人与环境和谐发展、水资源可持续利用理论为指导，通过对研究区域内水环境的调查、监测和研究，阐明了沧州区域内水环境的危害程度，建立了适合沧州区域的调水补水稀释、雨洪资源补水稀释、生物调控等湿地修复、河流水体修复和水库水体修复综合技术体系。该项目应用于生产实际，增加了湿地面积，改善了河流及水库水质，减缓了地下水位下降，经济、社会和环境效益显著，推广应用前景广阔。

（二）水体污染治理技术

保定市环境保护局筛选出凤眼莲、水花生、红萍及芦苇作为净水植物优势种，进行不同浓度污水净化效果研究及越冬保种研究，水花生、凤眼莲对高浓度污水净化有相当好的效果，对污水 COD 十日净化率分别为 43%～59%和 34%～50%。对低浓度污水 COD 300 毫克/升净化率分别为 78.3%和 45%。“水生植物培养驯化及其对污染物的去除试验”1995 年获省环境保护科技进步一等奖。

2002 年，河北建筑工程学院、沧州市市政工程公司完成了《沧州市城市污水资源化规划及其实施策略研究》。该成果首次提出了以人均综合用水量指标作为预测参数的 BP 人工神经网络的模型并辅以灰色预测模型进行优化组合对城市需水量进行预测，较为准确地反映了需水量与多个影响因子的错综复杂的关系；并提出了河湖生态需水量的计算方法，并在污水资源化规划中包含了再生水管道的规划。其对于缓解城市水资源短缺的状况，改善城市生态环境状况具有积极的促进作用。

沧州市水利科学研究所系统分析了大浪淀水库水环境恶化的原因和危害，揭示了主要营养物质和水生生物对水质变化的影响及规律，找出了平原水库水体中各种生物之间相互转化利用的关系，通过进行的各类鱼类投放实验，确定了大浪淀水库水质达到国家标准需要的鱼类投放品种、规格、密度以及相应鱼类生物配比和捕捞时机、强度。应用生物调控技术，成功地解决了大浪淀水库水质严重恶化的问题，为平原水库净化水质开辟了一条行之有效的途径。2003 年“平原水库饮用水生物净化水质研究”获河北省科技进步二等奖。

河北工程学院、邯郸市自来水公司合作针对微污染源水生物强化滤池去除污染物效果及影响因素进行分析，讨论各有机污染物去除之间的关联性，分析研究了微污染源生物强化滤池净水工艺系统去除污染的整体效果与可行性，与常规工艺净水系统去除污染效果进行了比较，并阐明了生物强化过滤净水系统去除致突变性污染物效果的优越性，其研究成果为解决滏阳河的微污染问题提供了切实可行的最佳运行参数和条件；提出了生物强化滤池 NO_2-N 累积发生的条件和原因，探讨了微污染源水的生物膜除污染的作用机理，具有重要的示范推动作用。该成果达到国内领先水平。2004 年“生物强化滤池处理微污染源水的研究”获河北省科学技术进步三等奖。

河北省水利科学研究院与张家口市水务局、张家口水文水资源勘测局合作对流域的面污染源进行了系统的分析与研究，采用先进、适用的 AGNPS 模型，首次计算了流域 2002 年、2010 年不同水文年的非点源污染负荷；开发研制出适合流域条件的污水土地处理系统，去污率达到 90%以上；开发研制出流域非点源污染控制筛选模型，筛选出了满足流域非点源污染负荷削减目标整体费用最小的面污染源控制技术，达到改善流域生态与环境的目的，达国际先进水平。2005 年“河北省永定河流域水污染控制技术体系研究”获河北省科学技术进步三等奖。

2007 年，中国水利水电科学研究院完成了“利用生态方法治理洋河水库污染水体示范研究”。该项目通过采用工程造价成本低、净化效果显著的生态治理技术修复受损污染水体，恢复水体自净能力。首先在流域尺度范围内对水污染详细调查研究的基础上，提出了水库水环境的承载力，为水库的管理、长远治理规划的制定，提供了科学的定量数据依据。在水库流域范围内利用生态方法治理污染水体的技术研究中，力求结合当地生态环境特点，采用水域生态系统健康与可持续性需求的原理及技术方法，开发出的岸边植被恢复技术、淀粉上清液重复利用实验技术等，为北方水库富营养化防治提供了强有力的技术支持和示范作用。该项技术处理汇集到河道的淀粉加工废水属国内首例，对大规模构筑河道直接净化装置具有重要的参考和指导作用。

（三）农业节水灌溉研究

1. 井灌类型区农业高效用水模式与产业化示范

该课题是国家科技部“九五”中期设立的“农业高效用水重大科技产业工程项目”专题之一，1999 年 3 月立项，编号：99-021-01-01。由河北省水利科学研究院、中国水利水电科学研究院、中国科学院、石家庄农业现代化研究所承担研发工作。

该项目针对我国井灌区农业用水的现状和需求，通过研究并参照国内外现有先进技术和国家“九五”科技攻关项目研究成果，建立了井灌区农业高效用水技术体系，包括：以低压管道输水为主体的高效用水技术集成，以喷灌为主体的技术集成，以自动控制为主体的技术集成，以水资源高效利用合理调控为主的技术集成。并在研究节水技术集成的基础上，开发研制了适宜井灌区波涌灌专用设备和智能 IC 卡控制阀；首次提出了井灌区低压管道输水波涌灌溉优化设计方法；开发研制了温室灌水与环境智能监控信息系统。

该项目自 1999 年实施以来，在河北省三河市建成井灌区农业高效用水示范区面积 1.5 万亩，辐射面积 5 万亩。通过对先进节水技术的集成与示范，使示范区和辐射区的农业用水效率显著提高。灌溉水利用率提高 23%～25%，粮食水分生产率提高到 1.8 千克/米^{3}以上，增产率提高 22.2%～28.2%，土地利用率提高 5%以上。通过对项目区地下水的合理开发和水资源的调控，项目区年节水 805 万立方米，有效控制和改善了地下水生态环境。同时通过项目的实施，项目区的经济社会状况也发生了明显的变化，取得了显著的经济和社会效益。另外，该项目提出的工程节水、农艺节水、管理节水组装配套集成模式，大大推动了节水优良品种、节水抗旱保水制剂、节水灌溉设备等产业化的发展。该项目在华北井灌缺水类型区具有广阔的推广应用前景。

该成果总体达到了国际先进水平，获 2003 年度河北省科技进步二等奖。

2. 节水灌溉技术优化运用研究与推广

河北工程技术高等专科学校在大量基础数据调查分析的基础上，对节水灌溉技术进行了优化，在充分考虑经济适用性、技术适用性、社会适用性的前提下，进行了节水灌溉方式的优化系统研究，研发了“节水灌溉方式评价与优化系统”软件，给出了不同水源、作物种植结构、土壤质地、地貌类型条件下的最优灌溉制度。该软件为各级节水灌溉提供了决策依据，为各级技术人员提供了可靠的技术管理平台。同时以该软件优选出的节水灌溉方式为依据，进行了不同区域适宜节水灌溉技术的示范推广。该项目达到国际先进水平，获 2005 年河北省科学技术进步三等奖。

（四）废水治理技术

1976 年，廊坊地区冶炼厂等完成了“生物滤池处理炼锰铁含氰高炉煤气洗涤水试验研究”。该项研究利用塔式生物滤池滤料表面的生物细菌膜，将炼锰铁高炉煤气洗涤水中的剧毒氰化物分解为无毒的二氧化碳和硝酸盐，使煤气洗涤水达到排放标准。处理后的废水可作为冲渣补充水，实现了循环合理利用（从地下抽出的新鲜水用作高炉冷却水；高炉冷却水用作高炉煤气洗涤水；高炉煤气洗涤水用作冲水渣）。由于水的合理利用和处理，既保证了高炉冷却水循环系统和高炉煤气洗涤水循环系统的水质，又使废水得到了利用、处理，消除了氰化物的污染，保护了环境。这项研究成果于 1978 年获全国科学大会颁发的奖状。该成果不仅在全国冶金、玻璃、化肥行业推广，而且对全国冶金系统的环境保护科学技术都具有很大的促进作用。1979—1982 年，机械电子工业部北方设计院研究成功离子交换法处理含氰废水、离子交换法处理含铬废水装置，由张家口市通用机械厂批量生产。除铬装置采用双阴柱串联离子交换法并用水射器配制再生剂，阴柱再生采用脱钠一步法，脱钠柱再生改用硫酸再生剂，电镀含氰、含铬废水经离子交换柱处理后，排水中六价铬离子含量低于0.5毫克/升，氰离子含量小于0.3毫克/升。该设备在福建、山东等地运用效果较好。

1980年，唐山市机车车辆厂采用电解法处理电镀废水中的铬离子，使铬离子含量由治理前的1.12毫克/升，降到0.002毫克/升。1982年，唐山自行车总厂利用电解法和离子交换法并联的办法处理车圈电镀过程中产生的含铬、含氰废水，效果很好，达到国家规定的排放标准。

原河北省环保所1979年完成了“电镀废水铬的回收及在揉制皮革中的应用”。该成果采用亚硫酸钠将电镀废水中的铬转化成铬泥，并将铬泥用于鞣制皮革，取得较好的经济效益，1982年获河北省科技进步四等奖。

北方设计研究院靳建永将工业废铁屑经活化处理后作为原料，利用微电池原理所引起的电化学和化学反应及物理作用，包括催化、氧化、还原、置换、絮凝、吸附、共沉等多种处理原理的综合效果，将废水中的重金属等有害离子除掉，达到净化废水，达标排放的目的。该技术主要用于处理电镀生产中排放的含铬、铜、镍、锌、铅等重金属废水和酸碱废水，特别适宜于处理含铬废水和含铬及其他重金属的综合性电镀废水。1994年“铁屑内电解法处理综合性电镀废水技术推广”获省环境保护科技进步一等奖。

1980年，河北省化工研究所马玉英和石家庄地区滹沱河化肥厂的技术人员共同完成了《小氮肥厂污水处理》研究，该项成果采用尾气淋洗吸收式生物滤塔处理小氮肥厂污水。主要原理是造气及脱硫下水经沉淀去除悬浮物后进入生物滤塔，在滤塔内填料上的生物膜作用下，使废水中氰化物、硫化物进行生物降解净化。石家庄地区滹沱河化肥厂废水经治理后，硫化物为0.2毫克/升，氰化物为0.35毫克/升，酚为0.13毫克/升，pH值为 8.34。该项成果获 1982 年河北省科技进步二等奖和 1985 年国家科技进步三等奖。在河北省井隆县、魏县、河间县等几十个小氮肥厂得到推广应用。

1983 年，国家环保局下达“城市污水土地处理系统研究”计划，作为该规划内容之一，河北省开展了“石家庄市氧化塘对城市污水处理系统及农业利用研究”，该课题由河北省环保局承担，由河北省环保所、石家庄市市政养护管理处、农业部环境监测科研所、河北师范大学、石家庄环境监测站、石家庄西三教大队等 6 个单位组成协作组共同进行研究。该课题被列为河北省科委“六五”期间重点科技攻关计划。此项研究是以 1972 年石家庄郊区西三教大队为引石家庄西明渠的城市污水用于农灌而挖的污水氧化塘（稳定塘）为基础，对原氧化塘进行改造、完善了结构后进行多方面的监测、研究。研究内容为“石家庄西明渠地域主要污染源控制管理研究”，“氧化塘工程改造及控制管理研究”，“水生物及微生物对污水净化效果研究”，“污水灌溉农田对土壤作物影响研究”，“氧化塘及污水灌溉对地下水影响的监测”，“氧化塘净化效果和经济效益研究”。1987 年 9 月，河北省建委受国家环保局和省科委委托对该课题进行了技术鉴定。改造后的西三教氧化塘日处理城市污水 1.5 万吨，利用菌藻共生系统、水生植物和微型动物形成一个良性循环的水生生态系统使污水净化。研究结果表明，进入氧化塘的污水经 34 小时净化后，COD 去除率为 15%～45%，生化需氧量（BOD）去除率 22%～51%；运行费为每处理一吨水 0.01 元，处理后的净化水可灌溉农田 2000 亩，增产粮食 15 万千克。该氧化塘在全国城市污水处理及农业利用方面有很大影响，对水资源匮乏的北方合理利用污水实行城市污水资源化，探索一条富有中国特色的市政、农业联合治理污水的途径具有重要意义。河北省在这方面的研究起步较早，在减少占地和凤眼莲（水葫芦）净化污水的研究方面在国内居领先地位。此后，国内北方一些城市修建的氧化塘都参照了西三教氧化塘数据。

1985年，河北井隆化肥厂对污染环境的“三废”进行了综合治理。该厂在烟道内安装水喷淋装置，对沸腾炉进行水帘式除尘，作为第一级除尘，再用青石砌制并用混凝土衬里的水膜除尘器作为第二级处置，取得较好除尘效果，烟气含量达20毫克/米^3，达到国家排放标准。对造气吹风气采用地沟湿式除尘；对鼓风机及蒸气放空噪声采用进口安装消声器、出口安装碟阀、加大风机基础、加厚机壳减少振动等技术措施，使鼓风机噪声降到85分贝；对造气脱硫污水采用尾气淋洗吸收式生物滤塔去处理，使排放废水中氰化物小于0.5毫克/升、硫化物小于1毫克/升；对铜洗再生器、氨贮槽池放气、合成氨放空等“三气”中含的一氧化碳、氨进行回收利用；将厂内造气废渣用作沸腾炉燃料，沸腾炉渣用作农用建筑材料等。对“三废”进行综合治理取得较好效果，1986年该项成果获国家环保局科技进步三等奖。

机械电子工业部北方设计研究院薛玉香、靳建永、刘珍凤用厌氧生化法处理TNT度水、RDX废水和TNT-RDX混合废水，效果显著。工艺流程和处理设备简单。反应塔设计合理，结构简单，体积小，占地面积和投资少。操作管理方便。厌氧污泥可在常温适宜条件下长期保存，处理设备既可连续运转，又可间断运转。对弹厂装药成分的变动有较强的适应性。营养来源容易。面粉，红薯干浸泡水等作为微生物代用营养料，碳氮比例适当，价格低廉，能满足厌氧生化处理TNT-RDX混合废水的要求。电能和热能消耗少，处理费用低。去除毒物负荷高，不同浓度的TNT、RDX废水和TNT-RDX混合废水，通过处理后均能达到国家排放标准要求。处理过程中产生的新生污泥少，没有污泥后处理问题。由于厌氧污泥活性好，因此，反应器（塔）内污泥也不存在板结和泥化现象。“厌氧生化法处理梯恩梯、黑索金及梯恩梯—黑索金混合装药废水”1985年获国防科工委重大科技成果三等奖。

玻璃纤维浸润剂废水的处理是玻纤行业在环境保护方面多年以来探索的问题。1986年，秦皇岛玻璃纤维总厂、湖北沙市水处理设备制造厂刘振盛、王玉英、李连成、刘汝江采用超滤技术处理这种废水，根据连续应用试验情况，阐述了有关试验设备、流程、工艺条件及影响透水速度的因素等内容。这种新的处理方法，在试验中显示了处理效果好、投资少、见效快，有相当的经济和环境效益等特点。并且最后指出该法应扩大应用面，使之日趋成熟。

同年，华北制药厂在厌氧发酵处理丙丁废醪液废水小试的基础上，进行了8立方米上流式厌氧发酵器治理高浓度有机废水丙丁废醪液的中试研究。该厂根据8立方米水中试试验数据，扩大设计了200立方米上流式厌氧反应器，日处理丙丁废醛液200吨。该反应器进水化学需氧量为25 000毫克/升，出水化学需氧量小于1 000毫克/升，去除率大于95%，经济效益、环境效益、社会效益显著，具有推广使用价值。该项成果1986年获国家环保局科技进步二等奖。

1988年，河北省环保所为治理造纸洗浆废水研制成功立式纤维回收机。该机采用液位平衡过滤法的基本原理，造纸白水连续由上部进入滤网内侧，清水经滤网流出，滤渣从口连续排出，回用于造纸，清水亦回用于漂洗。该机器构思新颖、耗能低、占地面积小，于1988年12月获第37届布鲁塞尔尤里卡世界发明博览会铜奖。

1988年，中国人民银行国营六〇四厂、中国科学院生态环境研究中心应用正交设计法优选工艺条件，取得了填料BOD负荷4.17千克/（米^3·日）、BOD去除率85%～90%、COD去除率50%～60%的结果。证明在棉浆废水处理中接触氧化法是一种处理负荷高、运行稳定、管理方便的可行方法。

国营六〇四厂、轻工业部设计院余惠芳、孟庆玲、贾荣相、蔡汉权、孙沛任采用上流式厌氧污泥床技术，进行了处理有机物污染负荷高的棉浆黑液的中型试验。这项技术，具有不用稀释、动力消耗低、生成污泥量少、占地面积小，并能得到可燃气体副产品等优点，对于发展造纸工业和保护环境具有现实意义和实用价值。“上流式厌氧污泥反应器处理棉浆黑液中型试验”1989 年获轻工业部科技进步三等奖。

机械电子工业部北方设计研究院研究的“黄磷废水封闭循环治理”中，阐述了黄磷废水的封闭循环治理过程。通过生产性试验证明各生产工序用水单独封闭循环并在循环过程中不采用任何化学手段净化水质，只通过预沉和过滤槽过滤去除水中机械杂质的方法是可行的。1989 年获机电部科技进步三等奖。

利用塔式生物滤池处理化肥厂的污水具有占地面积小，工艺简单、经济易行、有害成分脱除能力高等特点。但目前所使用的填料均存在不同程度的缺点：纸蜂窝由于污水中的油污及杂质易将其堵塞，清洗不便；管状填料细菌不易挂膜；瓷环填料清洗时易碎。为此，磁县化肥厂、邯郸地区城乡建设环境保护办公室李希勤、陈进民、司九宾采用树枝（平均直径小于等于 20 毫米）做生物滤塔填料，得到了非常理想的结果。树枝作为塔式生物滤池治理小氮肥厂中含氰含硫污水的一种新型填料具有去污力强、经济易得、处理简单以及便于推广等特点。该法对氰化物的净化能力为 92%以上，对硫化物的净化能力为 100%。“树枝填料塔式生物滤池处理含氰含硫废水”获得原河北省环境保护局 1990 年度环境保护科技进步三等奖。

石家庄市第一制药厂、河北轻化工学院研究的“上流式厌氧污泥床过滤器 ER 法处理 VC 废水新技术”中，将上流式厌氧污泥床过滤器出水控制适当比例回流与超高浓度的废水混合，进水 COD 浓度可以控制在 100000 毫克/升以下，进水 pH 值控制在 4.0～6.0，COD 去除率为 90%以上，国内领先。COD 容积负荷率为 10 千克/（米^3·日）。1995 年获河北省环境保护科技进步二等奖。

河北省环境保护研究所、河北省新河县化工厂将苯乙烯、二乙烯苯在致孔剂、催化剂的存在下以共聚反应生成大孔白球，大孔白球经氯甲基化反应生成氯球，干燥的氯球，在适宜条件下经酚化而制成大孔吸附树脂。产品吸酚量 120 毫克/毫升，疲劳强度大于等于 98%。“大孔吸附树脂的制备及其在含酚废水处理方面的应用研究”1996 年获河北省环境保护科技进步一等奖。

河北轻化工学院杨景亮根据高浓度有机废水的特征以“厌氧生化－好氧生化”为主开发的上流式厌氧污泥床（UASB）反应器综合技术。具有以下特点：① 应用范围广。可有效地净化轻工、酿造、制药、化工等行业排放的高浓度有机废水。② 负荷高、处理效果好。在已实施的工程中，厌氧反应器负荷 COD 可达到 5～10 千克/（米^3·日），COD 去除率可达 85%～90%。整体工艺 COD 去除率可达 95%以上。③ 可回收清洁能源——沼气，产气率（去除每千克 COD 产沼气）为 0.40～0.45 米^3/千克。该技术采用的厌氧反应器是课题组参加国家“七五”攻关的成果，曾获国家教委科技进步一等奖、国家科技进步三等奖；综合技术曾获原河北省环保局科技进步二等奖、河北省科技进步三等奖，于 1998 年列为河北省重大成果推广项目。

河北科技大学黄群贤、胡志鲜、陈天培、任宏强、罗人明、杨景亮综合考虑了柠檬酸厂废物的处理方法，对高浓度有机废水、废菌丝体和硫酸钙废渣均提出了适宜的处理工艺。处理工艺适用于柠檬酸厂，废水处理路线可用于制药、化工、酒精等行业。市场预测：采用该项废水处理技术，比国内同类工程可节省投资 80 万～120 万元。接产条件：废水处理投资可按水量、污染物量估算，需占用场地，有 4～5 人操作，并具备水、电、蒸汽条件。“柠檬酸厂废物处理和综合利用研究” 1998 年获河北省环境保护科技进步二等奖。

华北制药集团康欣有限公司的“淀粉 VB_{12} 混合废水处理技术研究”中，常温（20～25℃）条件下，采用上流式厌氧污泥床反应器处理维生素 B_{12}、淀粉混合废水，当进水化学需氧量（COD_{Cr}）浓度为 8 200～8 900 毫克/升时，容积负荷可达到 9.6 千克/（米^3·日），COD_{Cr} 去除率为 83.2%。产气率（去除每千克 COD_{Cr} 产气）为 0.436 米^3/千克。获得 1999 年原国家环境保护总局科技进步三等奖。

1999—2002 年，河北科技大学张焕祯完成了“石化企业水资源优化配置及节水减污技术研究”。该课题针对石化企业存在的水耗高、水污染物产生量大及外排污染物浓度超标的问题，研究企业水资源优化配置及节水减污技术，首次成功地开发了在企业内部开展水资源优化配置及节水减污的技术方法，攻破了实现水的分级处理、分质利用技术难题。实际应用后能有效地解决上述问题，并能显著地改善黄河中上游及沧州四排干的水质状况，缓解区域缺水矛盾，也可用于解决耗水多、污染重的其他大型企业及工业区的水问题。

2000—2002 年，河北科技大学完成了“高效内循环厌氧反应器的研制及应用研究”。该反应器具有良好的水力学特性，传质效果好，布水系统布水均匀、运行稳定；设计的三相分离及污泥回流系统，气、固、液分离效果良好。污泥循环通畅，使反应器内具有较高的生物量。该项目设计的100立方米高效内循环厌氧反应器已成功地用于处理阿维菌素废水，该反应器运行负荷 COD 可达到 15.4 千克/（米^3·日），COD 去除率大于 85%，达到《污水综合排放标准》（GB 8978—1996）二级标准值要求。该反应器投资少、效能高，可消除企业排水对环境的污染。

2002 年，河北省环保开发总公司采用先进的蒸馏制液氨新技术，将合成工段产生的废稀氨水制成 99.5%的液氨产品；将铜洗工段产生的含少量杂质的稀氨水经提浓后制成 20%的工业氨水出售，做到了全厂废稀氨水的全部回收，外排废水中氨氮指标由原来的 350 毫克/升降至 60 毫克/升以下，达到了《合成氨工业水污染排放标准》（GB 13458—2001）要求。并且首次将蒸馏制液氨新技术和垂直筛板新技术应用于小型合成氨厂稀氨水回收。对于以生产液氨、尿素和非碳酸氢铵产品的合成氨企业有良好的推广价值。2003 年“合成氨工业废水稀氨水全回收示范工程研究”获河北省科技进步三等奖。

2002 年，河北科技大学、华北制药集团有限责任公司针对制药、酿造、化工、轻工行业所排废水浓度高、难降解、成分复杂等特点，设计了“厌氧—生物转化—好氧”的处理系统，并在国内首次在工程上实现了维生素 B_{12} 和草甘膦废水的净化处理。

河北省环境科学研究院、石家庄开发区奇力科技有限公司在“超临界水氧化法处理高浓度有机废水研究”中，针对工业废水的特点，选择均相、非均相催化工艺，使用容积为 1.7 升和 2.2 升的超临界水氧化反应器，采用逐级快速加热和微机自动控制，实现了试验装置的安全、稳定，降低了系统能耗，缩短了反应时间。通过在制药厂及农药厂的试验，COD 去除率最高可达到 99.848%，经处理后的废水所检测的指标均达到《污水综合排放标准》（GB 8978—1996），所取得的经济、社会、环境效益显著。

2002—2003 年，由河北省环境科学研究院承担的“中水回用新技术研究及设备研制”课题，根据生物化学和膜分离技术的原理，采用膜分离组件替代常规活性污泥法的二沉池，将膜分离技术应用到污水处理中作为微生物富集和固液分离的手段，一改常规污水生物处理法用生物循环来维持生物处理单元较高的微生物浓度，通过对生化反应器结构的优化设计和工艺参数的优化控制，使反应器在较低的 F/M 下运行，可使有机物较为完全地氧化，克服了传统污水处理工艺的流程冗长、占地面积大、操作管理复杂等缺点，运行稳定可靠。处理后的出水除可以用于冲厕所、绿化、洗车和扫除之外，还可以用作景观用水、空调用水、冷却水以及工业工艺用水等。与传统中水处理工艺相比，该工艺技术具有容积负荷高，工艺流程短，运行可间断，自动化程度高，运行能耗仅为 0.8～1 千瓦·时/米^3，膜通量可维持在 0.3～0.45 米^3/（米^2·日）之间。出水经河北省环境监测中心站测试，完全达到了《生活杂用水水质标准》（CJ/T 48—1999）。该研究成果，吨水投资为 686.67 元（现行市场价格），比传统两级生化＋过滤消毒工艺的基建投资 2087 元降低了 67%；水处理成本（含折旧费）为 1.322 元/米^3，比传统两级生化＋过滤消毒工艺的 1.54 元/米^3 降低了 14%。该工艺技术可采用承接中水回用工程或技术转让的方式进行推广。采用该研究成果与自来水水价 1.98 元/米^3（石家庄地区水价）相比，回用水可节约支出 42.4%。按年推广总规模为 1 500 米^3/天，推广 10 年，基建投资可节省 2 100.5 万元，节省水资源费 5 475 万元，比采用自来水节约费用 7 227 万元。所以采用该工艺技术在创造 186.2 万元直接的经济效益的同时，还可创造 1.48 亿元的社会效益。

唐山钢铁集团有限责任公司将氨的脱吸塔变为解析塔，取消了塔顶回流在蒸气塔与饱和器的氨气管道上设置气液分离装置，并采用 PID 控制和专家系统相结合的控制系统，保证了硫铵的生产质量，解决了生产中设备腐蚀严重、能耗高、塔底废水不合格等问题；并取消了分缩器、塔底废水冷却器、地下槽及液下泵等设备，具有工艺简单、一次投资少、操作费用低、可操作性强等特点，特别是减轻了生化处理废水的负荷，同时节能降耗。该研究成果达国际先进水平。2003 年“焦化剩余氨水蒸馏工艺开发与应用”获河北省科技进步三等奖。

河北科技大学、维生药业（石家庄）有限公司采用 UASB—生物接触氧化法处理工艺处理 VC 废水。研究了厌氧反应器在 300 立方米生产规模的条件下，提高反应器有机负荷的方法；结合实际运行状况，研究回流量、回流比等最佳技术参数。采用厌氧出水回流工艺，可以使 UASB 保持良好的工作状态，设备容积负荷 COD 提高到 5 千克/（米^3·日）以上，COD 去除率大于 85%，提高了厌氧反应器的工作效率。厌氧出水回流提高了反应器的水力负荷，有利于反应器内部颗粒污泥的形成，有利于厌氧反应器的运行。系统 COD 去除率为 85%～90%；厌氧反应器容积负荷 COD 为 5～6 千克/（米^3·日）；系统总出水 COD<120 毫克/升。当废水排放量为 5 000 米^3/日时，采用厌氧处理废水回流技术可年节约一次水用量 30 万吨，节约用碱量 700 吨，减少动力消耗 15 万千瓦·时，每年节支 100 万元。该项目具有良好的经济效益、社会效益和环境效益。

该工艺对高浓度有机废水处理有实际推广价值，可用于 VC、柠檬酸、淀粉、化工等高浓度有机废水的处理。2004 年“厌氧处理 VC 废水回流技术应用推广”获河北省科学技术进步三等奖。

2005 年，河北省环境科学研究院进行的“水解酸化—膜生物反应器工艺处理难降解抗生素废水工业化技术研究”针对抗生素类制药废水成分复杂、有机物浓度高，并含有大量难生化降解的物质及其生化抑制物，可生化性较差，目前所采用的抗生素废水处理方法投资大，处理效率较低，难以稳定达标等问题，在综合分析研究抗生素水质特点及国内外废水处理技术状况基础上，建立了具有硝化、反硝化功能的水解酸化—膜生物反应器处理抗生素废水工艺及工业化规模的废水处理装置，系统研究了水解酸化和膜生物反应器工艺处理抗生素废水的主要影响因素及运行效果。该项技术研究成果为高浓度难降解的抗生素废水治理提供了一种高效经济的新工艺。目前国内化学原料药总产量约 50 万吨，医药企业的废水产生量约 3.25 亿吨/年，该项研究成果若在国内制药工业废水治理中推广，可使 3.25 亿吨/年的废水实现稳定的达标排放，可减少 COD 排放量 158 万吨；并节约稀释用水 3.25 亿吨/年，节约供水费用 7.5 亿元，大量节约了水资源。同时，该成果不仅为制药废水的处理提供了一条切实可行的工艺技术路线，实现制药工业废水的稳定达标排放，而且对改善生态环境质量和居民的身体健康，提高人民的生活水平也具有重要意义；新技术也可带动相关环保产业的发展，增加劳动就业机会。因此，该研究成果具有明显的环境效益、经济效益和社会效益，推广应用前景广阔。

河北科技大学在总结了国内外有关制革业清洁生产及废水资源利用方法的基础上，通过分析制革废水水质、水量情况及变化规律，从实现制革业清洁生产及废水回用方面入手，对原皮保藏、减少铬鞣工序污染及废水深度处理工艺进行了一系列实验研究。结果表明：对铬鞣废水采用碱沉淀的预处理工艺，主要去除废水中的重金属铬离子，Cr^{3+}去除率平均为 99.9%，出水铬含量平均为 1.20 毫克/升，总铬含量符合国家标准(1.5 毫克/升)。根据制革废水水质水量变化特点及实验室研究结果，制革综合废水好氧生化出水采用“混凝+沉淀+过滤+消毒”工艺处理，工艺流程短、简便易行、效果好，处理后出水可以直接回用于制革湿加工工序。采用该工艺处理制革综合废水好氧出水具有投资省，运行费用低的特点，有较好的经济效益和应用前景。

邯郸钢铁集团有限责任公司结合企业实际，采用双膜法水处理工艺技术，进行制取生产所需的软水、脱盐水的研究与应用，取得了显著的成绩。经过对冶金工业废水进行深度处理后作为工业循环水的补充水、锅炉给水、冷轧系统酸洗—漂洗用水等，降低吨钢耗新水，节约了水资源，提高了工业水的循环利用率。该项目为我国冶金行业的工业污水处理提供了宝贵的成功经验。具有良好的经济效益和社会效益。

河北科技大学将改型 A/O 工艺与 MBR 工艺耦合构建复合 A/O—MBR 反应器，以生活污水为处理对象，考察了反应器的脱氮除磷效能，重点研究了反应器的最佳运行控制参数，并对反应器的结构进行了优化，取得了良好的效果。采用 A/O—MBR 反应器系统处理模拟生活污水，运行结果表明：当进水 COD 360～420 毫克/升、氨氮 28.1～32.5 毫克/升时，COD 负荷可达到 1.94 千克/（米^3·日）、氨氮负荷 0.14 千克/（米^3·日），出水 COD、氨氮和总氮分别为 29～38 毫克/升、0.55～0.64 毫克/升和 5.4～6.6 毫克/升，COD、氨氮和总氮去除效率分别达到 93%、96%和 71%以上；通过采用生物接触氧化法、膜分离区与好氧区分离、膜组件表面错流吹扫，可有效防止膜污染。该项目可广泛推广应用于中、小型生活区污水处理，社会效益和环境效益显著。

中国环境管理干部学院设计了一种处理生活污水新的反应器，即好氧缺氧一体式生物流化床脱氮反应器，该反应器结合了生物膜法和活性污泥法二者的优点，通过研究得出了实现同步硝化—反硝化的控制条件，解决了传统的污水生物脱氮工艺流程复杂、占地面积大、基建投资高及运行维护管理复杂的问题，适合于中小型分散点源的控制。同步硝化反硝化与传统硝化反硝化生物脱氮技术相比，可节省供氧量，降低能耗，缩短反应时间，减小反应器容积或减少反应器个数。该项目可应用于指导中小型点源的污水处理，实现同步硝化反硝化脱氮，对城镇小区污水深度处理有非常重要的理论指导意义和实际应用价值。

河北科技大学采用“鸟粪石沉淀+微絮凝过滤”工艺对城市污水处理厂二级处理出水进行深度处理，重点研究了鸟粪石沉淀工艺脱氮及混凝沉淀工艺除磷的效果及最佳工艺运行参数，并通过自制小试装置对整体工艺的运行效能进行了研究，取得了良好的效果。采用“鸟粪石沉淀+微絮凝过滤”工艺处理城市污水处理厂二级出水试验结果表明：处理出水氨氮（NH_3-N）、磷酸盐（PO_4^{3}-P）、悬浮固体物质（SS）和 COD 浓度分别为 2.1～3.7 毫克/升、0.33～0.47 毫克/升、2.1～3.9 毫克/升和 31.3～41.7 毫克/升，满足 GB/T 18921—2002 标准要求。该项目具有流程简单、运行稳定、氮磷净化效率高、出水水质好、运行费用低等特点。对于推动我国城市污水资源化和社会经济的可持续发展也具有重要的现实意义和广阔的应用前景，社会效益、环境效益和经济效益显著。

中国石油天然气集团有限公司冀东油田分公司通过对冀东油田污水水质状况的调查分析，开展了不同水质、脱水方式、破乳剂加入浓度及处理温度的研究；污水处理过程中加入药剂优选复配试验；运行参数整体优化；注水管道化学清洗与电解盐杀菌技术应用；污水余热回收利用，完成了污水处理工艺、设备的全系统优化组合，实现了污水处理达标排放及资源化再利用。通过对外排达标污水用于稻田灌溉的可行性试验研究，为油田污水安全用于稻田灌溉奠定了基础。采用二级隔油、二级过滤污水处理工艺，筛选出适应冀东油田含油污水的复配药剂，优化了运行方式及参数。实现了来液不加热脱水处理，反冲洗水不加热，使污水处理温度下降，节约了污水处理成本。该项目经冀东油田推广应用后，提高了水质与水资源的利用率，降低了污水处理成本，取得了良好的经济、社会与环境效益。

2007 年，河北省能源研究所针对目前我国工业循环冷却水处理系统补充水量和排污水量较大，水的重复利用率较低的现状，以工业循环冷却水的排污水为处理对象，研究建立一套工业循环冷却水排污水的处理示范工艺。利用杀生剂灭菌、碱脱硬、电渗析脱盐联合工艺，使循环冷却水的排污水得到处理并回用。使排污水降低了86%，处理成本 0.99 元/吨，大幅度降低循环冷却水的污水排放量，提高水的重复利用率，节约大量的水资源；采用了可生物降解的杀生剂对排污水进行灭菌处理，消除了菌藻对电渗析处理膜的危害；使用碱对处理水进行脱硬处理，消除了结垢离子在电渗析处理模上的结垢现象，减少了电渗析设备的清洗次数，延长了设备的使用周期和寿命。该项目经济效益和社会效益十分显著，具有很好的推广前景。

2007 年，河北工业大学完成了新型污水污泥絮凝剂的制备技术研究，该项目首次在纯盐（柠檬酸钾、碳酸钾）溶液的均相介质中除采用氧化还原引发体系外，还采用等离子体引发技术完成了阳离子单体等自由基的聚合反应，同时让亲水性阳离子聚电解质产物与盐溶液介质相分离，从而解决了亲水性聚电解质在制备过程中直接提纯分离的科学问题，最终制备出超高分子量、高有序线型分子结构、高密度电荷的阳离子聚电解质。通过盐溶液体系中阳离子聚电解质制备技术的研究，不仅拓宽了自由基聚合方法，解决纯净态聚电解质的制备难题，还可指导聚电解质在盐溶液中的应用，具有一定的普适性。作为新型污水污泥絮凝剂，高密度电荷阳离子聚电解质以超强的电荷中和絮凝能力，使其在深度处理污水污泥时充分体现出用量少、絮凝效率高、脱色能力强等优点，在环境保护领域显示出优越的应用性能。该成果具有良好的推广应用前景。

2008 年，河北省环境科学研究院进行的“抗生素生产废水预处理技术研究”，有针对性地开展了抗生素废水预处理的关键技术及原理、工艺技术和技术集成优化研究。首次将清洁生产理念引入到抗生素废水预处理过程中，即在抗生素生产环节中植入清洁生产技术，显著减控了污染物产生量，减轻末端治理压力，再依据废水特征，构建了物化或生化技术预处理“分流分治”模式，大幅度降低了废水中有机污染物，并提高废水可生化性和有效降低废水处理成本，使抗生素废水的处理实现“高效、稳定、低耗、达标”。利用该课题的研究成果，在抗生素生产行业推进实施清洁生产，提高各工艺环节的收率，减轻抗生素生产给资源和环境保护带来的压力。通过改革和发展抗生素废水处理新工艺、新技术，加强科学管理将污染排放减至最低，促进医药企业产生的废水实现稳定的达标排放，使其对社会和环境的危害最小化。该课题研究成果的推广应用，在大幅度降低抗生素工业的污染排放的前提下有效降低制药企业废水处理成本，从而增强我国医药行业在国际市场上的竞争力，达到经济效益和环境效益的统一。与此同时，有望降低国民医疗成本，提高人民群众的保健水平，改善生态环境质量和人民生活水平，并带动相关环保产业的发展，增加劳动就业机会，对促进和谐社会的构建具有重要意义，从而产生明显的社会效益。因此，该课题对于探索我国科技与经济结合的新途径及国家科研创新和产业化具有十分重要的战略意义，对保障我国社会的稳定发展将产生深远的影响，推广应用前景广阔。该课题研究成果采用抗生素生产废水处理工程设计或技术转让的方式进行推广。应用超滤膜分离清洁生产技术替代原树脂脱色工艺对土霉素发酵液进行分离提取，按每年生产土霉素产品 6600 吨，不计算材料费、人工费等，每年可挽回经济损失 1650 万元，每年减少 COD_{Cr} 的产生量 13200 吨，减轻了对后续土霉素废水处理的压力，有效降低了废水处理费用。针对不同特征的抗生素生产废水实施“分流分治”模式，能够减轻后续废水处理压力，保证废水的稳定达标排放，有效降低制药企业的环保处理成本。

2008 年，廊坊师范学院完成了“厌氧－悬浮填料生物接触氧化－化学沉淀法治理淀粉厂废水”的研究，该项目利用悬浮填料作为生物载体，针对淀粉废水成分复杂、污染负荷高、排放量大的特点，筛选出适合处理淀粉废水的特效菌团，取代传统的 SBR 技术，具有处理时间短，动力消耗低，处理效果好，运行稳定的特点，并与化学沉法相结合，使废水处理更彻底，达到 GB 8978—1996 规定的污水排放标准。该项目的创新点是：① 用 B-CELL 悬浮填料作为微生物载体，结合化学絮凝沉淀法处理淀粉废水的综合处理工艺。② 工艺处理时间短，动力消耗低，处理效果好，运行稳定。具有很好的环境、经济和社会效益。

河北省环境科学研究院全面分析了抗生素生产废水处理现状及存在的问题，针对抗生素废水有机物浓度高、含盐量高、含生物抑制物质较多、可生化性较差等导致现有处理工艺有机物去除效率较低、处理效果不稳定等难题，有针对性地开展了抗生素废水预处理的关键技术及原理、工艺技术和技术集成优化研究。首次将清洁生产理念引入到抗生素废水预处理过程中，即在抗生素生产环节中植入清洁生产技术，显著减控了污染物产生量；依据废水特征，构建了物化或生化技术预处理“分流分治”模式，大幅度降低了废水中有机污染物，并提高废水可生化性和有效降低废水处理成本。通过采用 Fenton 试剂—石灰法和催化臭氧氧化法等高级氧化技术及新生态二氧化锰吸附技术对抗生素废水进行预处理研究，首次阐明了抗生素废水预处理过程中主要影响因素和关键减控技术参数。研究结果证实抗生素废水经预处理后，大幅度降低了废水中的有机污染物，改善和提高了废水可生化性，减轻了后续废水处理压力，有效降低了废水处理成本，使废水能够达到稳定达标排放。具有一定创新性和先进性，并取得了良好效果。

河北科技大学针对工业发酵废水处理存在的问题，开发出了适宜于处理工业发酵废水的“厌氧—生物衔接—好氧”生物净化和资源化集成技术，并对厌氧反应器整体结构优化设计、工业化厌氧反应器污泥无载体快速颗粒化、厌氧—好氧处理单元间生物衔接及高含硫沼气净化等关键技术开展了综合研究，取得的研究成果如下：① 通过对反应器布水系统、三相分离器及整体结构的优化设计，研发出新型高效厌氧反应器，申请国家专利 5 项（已授权 3 项），并编制完成了国家标准《上流式厌氧反应器》（JB/T 10669—2006）。目前研制的高效厌氧反应器已实现了工业化和产业化生产。② 开发的厌氧污泥床无载体快速颗粒化技术，提高了厌氧反应器的净化效能。以处理 VB_{12}、淀粉废水的大型厌氧反应器为研究对象，经过 127 天运行，反应器污泥床实现快速颗粒化，反应器 COD 容积负荷达到 11 千克/（米^3·日），COD 去除率达 90%。并建立了大型厌氧颗粒污泥产业化生产基地，制定了《厌氧颗粒污泥》（Q/HYKX 019—2008）企业标准。③ 根据厌氧、好氧处理单元微生物显著的生境差异性，开发出生物衔接技术，在厌氧、好氧生物处理单元间设置生物转化器，消除了厌氧出水对后续处理好氧微生物的抑制影响，提高了处理系统的整体运行效果。采用“生物转化器+生物接触氧化”工艺与生物接触氧化器单独运行相比，当水力停留时间（HRT）相同（20 小时），COD 去除率提高了 12.5%；当净化效果相同时，HRT 缩短了 4 小时。④ 采用研发的两级串联催化氧化脱硫技术净化高含硫沼气，实现了硫黄回收和沼气的安全利用。采用“888”脱硫催化剂和以碳酸钠为主要成分的吸收液，通过优化吸收、再生各单元的运行工艺参数，当沼气中硫化氢平均浓度为 47 克/米^{3}时，净化后可达 0.41 克/米^3，去除率在 99%以上。开发的“厌氧—生物衔接—好氧”集成技术和高含硫沼气净化技术为制药、轻工等工业发酵高浓度有机废水净化及沼气资源化搭建了技术平台，提升了工业发酵高浓度有机废水处理的整体技术水平。近 5 年来已在 24 家企业推广应用，共计建高效厌氧反应器 60 台（总容积 43 460 米^3），处理高浓度有机废水 1 920.27 万米^3/年，减排 COD 14.03 万吨/年，回收利用沼气 7 713.9 万米^3/年，共计收益 3 819.08 万元，取得了良好的环境效益、经济效益和社会效益，为促进企业的节能减排和可持续发展发挥了重要作用。

河北建筑工程学院针对我国大量燃煤锅炉湿式脱硫除尘器运行中废水排放存在的问题，以节水减排为目标，开发了以多层叠合复合流高效沉淀为核心的废水回用处理技术，实现了水资源的循环利用，对节约水资源、控制水污染、改善环境具有重要意义。课题研发的“网格絮凝+复合流沉淀+粗滤料浅滤层过滤”三个单元组成的一体化废水处理设备设计合理，性能稳定。生产性实验表明：投药采用氯化铁和氢氧化钠联合投加方式，处理后出水浑浊度平均值小于 10 度，出水波动系数为 1.8，水质稳定，满足回用水水质要求。系统处理成本 0.43 元/吨，投资回收期 0.5～0.7 年。该研究成果不仅在工业锅炉烟气脱硫除尘废水回用处理中可得到广泛应用，而且能够推广到其他胶体及悬浮物沉淀处理应用场合。

河北宏源化工有限公司利用双极性膜电渗析这一新型的膜过程，对左旋对羟基苯甘氨酸生产中的废水进行回收利用，根据需要可以得到相应的酸、碱，并将得到的酸碱循环回生产过程。研究了对羟基苯甘氨酸溶解和对甲基苯磺酸钠酸化耦合过程，考察了耦合过程中平均电流效率和能耗指标，提出了 D-对羟基苯甘氨酸纯化的改良工艺流程，成功进行了左旋对羟基苯甘氨酸废水的回收利用的小试，从废水中分别得到了液碱和对甲苯磺酸，并再用于生产中，基本实现了零排放的闭路循环，大幅度减少废物的排放。回收的产品经过色泽、含量等指标的检测，均符合标准要求。经处理过的废水符合国家标准，并可作为工艺用水回到生产过程中。

邢台洁源水处理有限公司对膜生物反应器（MBR）处理污水的化学除磷工艺进行了改进，即采用的沉淀剂主要由铁盐铝盐硅酸盐碱复合而成，同时沉淀出水回流，达到提高沉淀的效果，具有创新性。MBR 治理污水工艺是在中水回用方面最具竞争力的工艺之一。它的工艺简单，经它处理的水可以直接回用；它的出水水质好，符合日益严格的环保要求，使废水资源化；MBR 工艺经强化除磷改进后，放流水中的氮、磷元素失去平衡，使水体中蓝藻、绿藻的生成成为不可能。强化除磷以后的水中磷的含量可小于 0.1 毫克/升，远低于国标 TP1 毫克/升，随着 MBR 及其改进工艺的应用的普及，我国不再缺水将成为可能。该项目具有显著的经济效益和社会效益。

2008 年，中国石油天然气股份有限公司冀东油田分公司立足于冀东油田现有集输工艺，以现代破乳理论为指导，通过对冀东油田多类返排液的分析，确定了返排废液直接进入集输系统的处理工艺，开发出针对油井不同措施返排液的破乳剂。确立了措施油井井口（套管）加药后导入集输系统集中处理的油井措施返排废液处理模式。发明了微生物破乳剂，并将其应用于油田集输系统原油乳状液破乳中。通过与化学破乳剂的配伍，提高了返排液处理效果。研制出针对性的有机硅阳离子表面活性剂，通过与非离子表面活性剂之间的协同效应，实现了快速油水分离。首次将树枝状破乳剂与扩链破乳剂配合使用，采用分段加药的方式，解决了含有聚合物返排废液处理困难的问题。该项目数据可靠，研究方法先进，经济效益和社会效益显著。

二、大气环境污染防治技术研究

（一）基础研究

1. 石家庄市区尘污染规律及防治途径的研究

河北省气象科学研究所联合石家庄市环境保护研究所全面系统地调查了污染源，应用环境质量科学和空气污染气象学等多种研究方法，合理选择应用大气扩散数学模式对尘污染物化学成分进行分析研究，对石家庄市区尘污染规律做出了透彻的分析，并提出了防治途径。为石家庄市有关部门制定控制尘污染规划，进行决策提供了科学的依据和丰富的资料，并对河北省及中国北方城市开展煤烟型污染的研究和治理，进行大气环境评价，开展城市尘污染浓度模拟预测，提供了可供借鉴的经验，取得了显著的社会与环境效益。1988 年获河北省气象科学技术进步二等奖。

2. 大气混合层高度确定方法研究

由河北轻化工学院程水源完成的“大气混合层高度确定新方法研究”是国家环境保护局科研题目“大气稳定层结构和混合层高度确定新方法研究”中的一部分。利用河北省及京、津区域各飞机场用于飞行的气象资料，采用干绝热法、罗氏法等经验公式确定各区域的混合层高度和气象特征，所采用各种方法确定的混合层高度与实测值比较后没有发现两者产生显著性差异。验证了用清晨 2 时探空曲线确定混合层高度的可行性。经过细致的分析，得出在罗氏法的基础上使用常规气象资料计算平均混合层高度的新方法，可提高精度 20%左右。通过拟合、分析，得出新的混合层高度计算公式，最后论述分析了该研究成果的经济、环境效益及在大气环境评价、区域环境规划和大气污染防治中的实用性。1995 年获国家环保局科技进步三等奖。

3. 石家庄市大气颗粒物来源解析及污染防治对策研究

石家庄市环境保护研究所综合其他课题通过大量颗粒物源成分谱、化学组成特征及各颗粒物排放特点的分析，提出了建立各颗粒物排放源类成分谱的方法、域际解析技术方法和标识元素追踪法。该研究达国际先进水平。

4. 唐山市大气环境中苯并[*a*]芘污染现状及源识别研究

2001 年，唐山市环保研究所完成了《唐山市大气环境中苯并[*a*]芘污染现状及源识别研究》。该项目以唐山市区为对象，涵盖全市三大代表区及采暖期和非采暖期两期。利用气相色谱—质谱联用的分析测试手段测定了包括苯并[a]芘在内的 13 种多环芳烃物质。以唐山市为实例，建立了燃煤、焦化厂、机动车和场尘污染源多环芳烃成分谱；将有效方差加权最小二乘法化学质量平衡受体模型用于多环芳烃的来源解析中；进一步调查了多环芳烃主要贡献源——焦化厂污染源对周围环境造成的影响，确定了由此而造成的苯并[a]芘污染水平和污染范围，为环境管理部门提供了决策依据。该成果达国内领先水平。2003 年获国家环境保护总局科技进步三等奖。

5. 衡水市大气环境容量核定研究

衡水市环境监测站通过多源模式及 AP 值法确定了衡水市城区大气环境中可吸入颗粒物、二氧化硫的环境容量和衡水市辖区大气环境中可吸入颗粒物、二氧化硫的环境容量。进行了污染特征及原因分析，提出污染物总量控制方案及具体的环境空气质量改善对策。该项目在衡水市已推广应用，收到了明显的成效，取得了良好的环境效益，对加强该市大气环境管理，改善大气环境质量起到非常积极的作用。主要应用于大气环境质量管理和大气污染源防治。

6. 石家庄市雾霾天气污染特性及源解析研究

河北科技大学研究了石家庄市雾霾天气可吸入颗粒物的频率分布、中位径、比表面积、可入肺颗粒物（$PM_{2.5}$）/PM_{10} 的百分含量等污染特征，给出了雾霾天气可吸入颗粒物中位径、频率分布最高值、$PM_{2.5}$/PM_{10} 及比表面积等特征值。根据雾霾天气可吸入颗粒物的化学成分，运用富集因子（EF）和因子分析（FA）两种源解析方法，对石家庄市雾霾天气可吸入颗粒物的来源进行解析，表明石家庄市雾霾天气 PM_{10} 的主要来源为燃煤尘源、土壤及建筑尘源、机动车尾气源等。石家庄市雾霾天气和正常天气 PM_{10} 物化特性的对照研究，得出了雾霾天气 PM_{10} 质量浓度、比表面积及钾元素和铝元素等均高于正常天气的结论。该成果可应用于城市雾霾天气污染综合防治。

7. 石家庄市机动车尾气污染及防治对策研究

河北科技大学采用现状监测和数据调研相结合的方法，系统地对石家庄市机动车尾气气态污染物的排放特征及交通环境中污染物的污染水平进行了系统的研究；针对石家庄市的地理环境及道路特点，建立了石家庄市机动车尾气污染扩散模型；并针对机动车尾气污染成因进行分析，提出相应的控制措施。该项目对改善石家庄市环境空气质量具有重要的理论和现实意义，可应用于解决日益严重的机动车尾气污染的综合防治。

8. 城市大气可吸入颗粒物单颗粒的形态特征

2008年，河北师范大学以典型大气颗粒物污染城市为研究区域，采集各类可吸入颗粒物样品，分析颗粒物单颗粒表面形态和粒度粒形分布，具体内容包括：污染城市大气颗粒物单颗粒形态特征不规则块状、团聚状、球状、絮状、棒状及未知形状；特殊形态为：钙的簇生状结晶体，混合絮状颗粒物及3类元素——表面形态的球粒；采暖期和非采暖期大气颗粒物粒度分布均呈连续多峰曲线，颗粒呈多源性。采暖期大气颗粒物粒度均值增大52%，PM_{10}数比例减小9.6%；近地面环境植物叶片滞尘颗粒98.57%粒度小于10微米，2/3的颗粒小于2.5微米。该研究扩展了大气颗粒物领域的研究思路，更新了技术方法，为进一步探讨大气颗粒物属性提供了基础，为制定城市大气颗粒物消减策略提供参考。该项目可以在城市环境空气质量改善策略制定和大气颗粒物基础性研究等领域获得推广。

（二）废气治理工艺、设备改造研究

河北省在大气污染防治技术方面主要采用两个方面的技术：一是对

燃煤锅炉进行改造，改善煤的燃烧条件，把烟尘控制在炉膛内；二是对煤燃烧产生的烟气及工艺过程中产生的烟气进行除尘净化处理。

1. 锅炉改造

1983 年，冀县环保设备厂研制并生产出“水平逆推往复炉排”，用于锅炉改造。其主要特点是变固定炉排为往复炉排，变人工加煤为机械加煤，变堆积燃烧为成层燃烧。该炉排总体设计合理，使用寿命长，适用于旧锅炉的改造和新锅炉的配套。燃烧效率高，烟尘排放少，在河北、天津等地锅沪改造中得到广泛应用。1984 年，该项成果获河北省科技进步三等奖。

1985 年，冀县环保设备厂又研制成工业炉窑双级多速燃煤机。该设备将往复炉排技术用于工业炉窑，炉排采用双级传动，且多速匹配，各活动排行片往复行程可调，进而可以调整工业炉的负荷，适应多种煤质，获得良好的供热制度。该设备采用异型结构和耐热铸铁炉排层，并加装侧护板，解决了同类产品长期未解决的寿命短和漏煤问题，同时改善了通风性能，合理加大了炉排层之间的落差，强化了煤层的翻动，增加了破渣能力，既改善了燃烧条件，又解决了清渣问题。炉排末端采用特殊结构，改变了原有出渣方式，使燃烧室获得了良好的密封效果。以上特点与国内同类产品相比有独到之处，为国内首创。该机与手工烧煤相比，可节煤 30%～50%，烟尘的排放量为 300 毫克/米^3。已应用于连续加热炉、锻造炉、退火炉、回火炉、干燥炉、马弗炉等多种工业燃煤炉窑。该成果于 1986 年获河北省科技成果二等奖。

1995 年，肃宁县型煤炉具研究所研制出了组装式型煤供热炉。该供热炉用于较大面积的采暖供热。它采用多层叠加式热交换器，逆流吸热，卧装在燃烧室上边；方孔方型煤组合在燃烧室内，从出灰端向入煤端“引进”燃烧；联动杠杆机构把型煤从入煤端一步一步地推向出灰端。其热效率为 79.4%，一吨锅炉年节煤 50 吨，节电 20400 千瓦·时，减少建设投资20%，可无电、无压、无噪声运行，吨锅炉年直接经济效益为3万元以上。

1997年，河北省环境监测中心站研制出了一种立式铸铁炉排反烧锅炉。通过用耐高温铸铁炉排取代水泛管炉排，省去一层炉排，缩短了炉排的间隙，增加了通风面积，提高了炉排热强度。

2. 烟气净化、除尘

1926年，全国第一家机械化生产水泥的企业——启新洋灰公司（启新水泥厂前身），为改善工人作业环境，在4～7号窑安装了3台德国制造的电除尘器，处理能力为5200米^3/分，这是河北省也是全国水泥行业最早使用的电除尘器。

1983年，沧县科研所张介轩发明了晶体管高压静电除尘器，不仅在工艺方面有所突破，而且在理论方面也提出了新的观点。该除尘器的主要特点在于它的供电部分不是像常规电除尘器那样，用铁芯变压器将交流220伏电压直接升至几万伏，经整流得到脉动高压，而是利用软特性电源供电，先将50周波220伏交流电降至几十伏，经过滤波成为低压直流电，再经晶体管振落器，把频率升至5000周的同时，将电压升高至1万多伏，再经倍压整流电路升为10万～15万伏的直流电压电源。利用软特性电源供电，是国内外电除尘电源研究上的创新，它以简单的电路结构，代替了复杂的火花自动跟踪和抑制装置，能有效地抑制火花放电的持续发生，把直流电源控制在将产生火花的临界处，使输出的高压电源全部是起除尘作用的电晕电流，在整个周期内处于高效状态，其除尘率可达到99.5%以上。与常规的高压电收尘器相比，具有结构简单、除尘效率高、运转费用低、安全可靠、维护管理方便等特点。1987年，张介轩针对国内外电除尘器的制造基本上采用美国学者怀特等人的“脉动电压肯定地优越于稳定直流电压（这主要是因为直流电压的火花特性不好）”的理论，提出了“稳定直流电压的除尘效率明显高于脉动高压的效率”的观点，并且以自己提出的观点对他新研制的晶体管高压静电除尘器进行了改进，广泛应用于水泥、锅炉、冶金等行业。到1988年，此项科研成果已在全国24个省、市200多个厂家得到应用，取得良好的环境效益、经济效益和社会效益。该项科研成果于1986年获得国家环保局科技进步三等奖，并于1988年获北京国际发明展览会银奖和全国星火计划成果展览会金奖。1989年4月，河北省科委、河北省建材局、河北省环保局在获鹿县联合召开晶体管高压静电除尘器科技成果推广会，在全省推广，并正式列入国家科委1990年技术推广计划。

宣化冶金环保设备制造厂1980年自行设计制造具有20世纪80年代水平的60平方米板卧式电收尘器，用于武钢一炼钢厂7号吹氧平炉，除尘效率达99.92%，1982年，冶金部对该项产品组织鉴定。在电场风速加大到1.56米/秒时，出口浓度仍达60毫克/米^{3}以下，低于150毫克/米^3，获冶金部科技成果三等奖，1984年被评为部、省优质产品。同时还移植消化美国麦吉尔公司制造技术，第一次在国内自行设计了“积木除尘器”。

河北钢丝绳厂吴宝旭、刘淑贞等发明的高效、节能酸雾净化系统，采用酸槽局部通风处理系统解决酸雾污染，系统由活动盖板多伞罩密封帽、机械抽风装置、酸雾中和塔、尾气排放管组成。分抽风和酸雾处理，抽风部分采用活动盖板封闭酸槽，保证封闭状况下酸槽处于负压状态，收集酸雾由风机经管道送入净化塔内与氢氧化钠液中和处理后排放。1995年获河北省环境保护科技进步二等奖。

河北太行集团公司、邯郸市环保局研发的气箱式脉冲袋除尘器采用分室离线微机脉冲清灰，工艺设计上将排风机距收尘器管道缩短了7.5米，减少一个弯头，降低阻力、电耗和材料费用，对微机清灰间隔参数进行了调整。入口允许最大含尘浓度为1 000克/米^3；过滤风速为1.2～1.5米/分；收尘器阻力大于1 470帕；出口排放浓度大于100毫克/米^3。1995年获河北省环境保护科技进步二等奖。

1997 年，河北省环境监测中心站王晓利、邓静秋发明了一种小型燃煤锅炉用滤袋除尘器。这种除尘器是在除尘器本体内部烟气入口一侧，增加一烟尘沉降降温室。为增加降温效果，可在沉降降温室外壁上装有热管散热器。该实用新型结构简单，设备使用周期长，可处理烟温达 300℃以上的烟气，除尘效率达 99.9%以上，含尘浓度可降到标态下 30 毫克/米^3 以下。1998 年获得实用新型专利授权。

河北省环境监测中心站王晓利发明的湿式锅炉烟气净化器，1999 年获得实用新型专利授权。这种净化器由筒体、灰斗、文丘里管、分水筒、旋转导向片和循环水装置组成，灰斗位于筒体的下部并与筒体焊接连接，文丘里管位于筒体的轴线位置，文丘里管的渐缩管和喉管位于筒体上盖以上，文丘里管的渐扩管位于筒体中并且插入分水筒的上部，分水筒座在灰斗上。烟气进气管设在文丘里管上口，在筒体上部设有烟气切向出口。该新型的优点是结构简单、成本低、除尘及脱硫效率高。

1999 年，河北省环境科学研究院、藁城市供水环保设备厂马承愚、杨云升、郭晓红、邢书彬、孙立恒、倪爽英研制出了 CTS 型脱硫除尘一体化设备。该装置由多管除尘器和吸附脱硫器组成，吸附剂由废渣制成，具有节水、耐腐蚀、防堵塞等特点。经过运行监测，其除尘效率大于 94%，脱硫效率大于 90%，阻力小于 1 200 帕，烟气湿度小于 6%。2000 年获国家环境保护科学技术研究成果奖。

河北科技大学研制的工业窑（锅）炉消烟除尘脱硫装置，利用核凝原理，采用烟气自激产生蒸汽与黑烟微粒及二氧化硫进行作用，并设计了内循环式水流循环，使处理系统不外排水，避免二次污染。对烟气中烟尘、二氧化硫有较好的去除效果，窑炉烟气经该装置处理后，达到了国家《工业窑炉大气污染物排放标准》（GB 9078—1996）的规定要求。其消烟除尘脱硫装置，在内部收缩段、弧形阶梯折板和循环水装置，实现水气自激、烟尘核凝凝聚、吸收液脱硫，达到了消烟除尘脱硫一体化的目的。排放烟气黑度＜1，符合国情，总除尘效率大于 97%，分级除尘效率大于97%，脱硫效率大于80%。解决了中小型工业窑炉烟气污染治理的技术难题。2000 年获国家环境保护科学技术研究成果奖，2001 年获河北省科技进步三等奖。

河北省枣强县华夏脱硫除尘器厂研发的 ZTC 型系列脱硫除尘器，2000 年获得国家环境保护科学技术研究成果奖。该脱硫除尘器是一种侧进顶出的冲击式除尘脱硫器，使烟气直接冲击水面，节水并减少污染，操作维修方便，运行费用低，脱水效果好，是一种经济实用的湿式除尘脱硫器。采用分节组装，具有占地面积小、运输、安装方便的特点。采用国内先进的复合材料和耐高温玻璃钢树脂，使其增加了耐磨、耐高温程度，大大延长了使用寿命。ZTC 型脱硫除尘器性能指标：除尘效率大于 98%；脱硫效率大于 85%；林格曼黑度小于 1 级；烟气利用率小于 6%；循环利用率大于 90%；设计阻力小于 1 000 帕。

兴隆矿务局研发的锅炉烟气脱硫除尘器，2000 年获国家环境保护科学技术研究成果奖。主要用于解决脱硫除尘器设备庞杂，资金投入大，脱硫效率不佳等问题。由除尘器本体、反应池、清灰装置构成，除尘器本体包括进烟管、喷淋补水系统、烟道，烟气经网膜、冲击、喷淋三次净化，气水分离后排放大气；反应池底设计成斜面，反应池深边一侧有底部相通的灰水分离池清灰轮置于灰水分离池中，可自动除灰。适合燃烧各种类型燃煤的锅炉的脱硫除尘。

2002 年，河北省环境科学研究院发明了 LYJ一型厨房油烟净化器。这种油烟净化器采用二级吸附过滤设计，第一级吸附过滤为粗滤，主要对大粒径颗粒起截留、黏附作用，第二级吸附过滤为精滤，对经过粗滤后的烟气再进一步吸附过滤。其净化后的油烟气排放浓度为 1.9 毫克/米^3，净化效率达 76%。具有投资少、使用寿命长、无二次污染的特点，达国内领先水平。

2002 年，河北省环境监测中心站王晓利、杨常青对湿式锅炉脱硫除尘器的基础上进行了改进。主要改进点是将文丘里管竖直放置。该实用新型的有益效果是由于文丘里管竖直放置，使烟气和水同向长距离混合，达到最充分接触，即达到最有效地捕集灰尘和SO_2，并且高速烟气冲到文丘里管底部水面进行再次捕集，两级除尘脱硫，使烟气达到高度净化。经多次实际试用和测试：除尘效率大于95%，脱硫率大于60%，并且除尘效果稳定，操作简单方便。同时它还具有使用寿命长、结合紧凑、占地面积小的特点。2003年获得实用新型专利授权。

邢台钢铁股份有限公司张永藏、张玉军、于长秋、李俊、段素芝采用多项技术改造措施，完善了高炉煤气和转炉煤气回收系统，提高了回收质量和水平，高炉煤气放散率降至5%以下，转炉煤气回收量达到每吨钢100立方米、焦炉煤气零放散，通过优化煤气配比，多方开发用户，使煤气综合利用率得到大幅度提高，同时大幅度减少对大气的污染，具有显著的经济效益和社会效益，达国内领先水平。2003年获河北省科技进步三等奖。

河北大学刘志强、李庆、赵颖、郭晓红、杨风田发明的HP-LA型工业窑炉高压静电消黑烟除尘装置为工业窑炉的消黑烟除尘提供了有效的解决方案，并开发出成套设备，通过采用自然风、自然降温的技术方案，无需引风和鼓风，降低了设备造价和运行费用，同时解决了水降温造成的水资源浪费问题，解决了高温高浓度烟尘中绝缘体的支撑难点，降低系统的风阻系数，提高了收尘率。2005年获河北省科学技术进步三等奖。

三、环境监测技术研究

2002年，河北先河科技发展有限公司联合国家环境计量检测技术中心完成了“空气污染测试仪器的研究开发”的课题研究，该课题包括两项内容：① 大流量可吸入颗粒物采样器：采用滤膜称重原理，24小时连续采集悬浮于环境空气中的直径小于10微米的可吸入颗粒物，该设备可广泛用于空气质量监测、周报和空气质量评价。② 可移动式大气污染多参数程控监测仪：采用国际上先进的干法测量技术——紫外荧光原理和化学发光原理，自动监测空气中 SO_2、氮氧化物的污染，该产品是城市空气质量连续自动监测系统的必要组成部分，可广泛用于实行空气质量日报工作。

2003 年，河北省环境监测中心站完成了“河北省污染源在线计算机监控网络系统”，该项目为污染源动态管理和排污权交易等管理工作的自动化、现代化、科学化提供了重要的技术保障。其综合应用 SMS 无线传输技术、VSAT 卫星通信网络、网络数据库、WEBGIS 等通信及计算机技术，以较高的性价比给出了系统的、完备的污染源在线监控数据传输、处理及发布的解决方案和实例。统一了省一级污染源在线设备的串口输出协议。

2003 年，河北先河科技发展有限公司联合国家环境计量检测技术中心完成了污水在线自动监测仪的研制与监测系统的开发。该系统主要应用于固定污染源——污水排放的在线监测领域。所研制的 COD 在线自动监测仪克服了管路系统易堵塞、维护量大的缺点，BOD 在线自动监测仪使测定时间由国家标准方法的 120 小时缩短到 3 分钟，发明的智能明渠污水流量计克服了泡沫等漂浮物的干扰。

2004 年，河北科技大学研制了一种 BOD 在线自动监测仪，这种 BOD 在线自动监测仪采用微生物传感器法，实现了采样、稀释、测试和数据处理的程序控制和自动化，整个产品不但具有国外仪器的先进性能，而且采用中文界面，操作简单，成本低廉，数据的处理符合我国环境监测的要求，但校准使用的标准溶液易变质，需经常更换，给使用操作带来不便，有待进一步进行研究。经测试表明，该仪器对标准样和废水样品的测试结果均有良好的准确度和精密度，仪器法与接种稀释法（BOD_5 法）有很好的一致性；仪器连续运行 1 个月是稳定的。

河北省环境监测中心站在现有国家标准和国内外 COD 测定研究的基础上，对小型密封管法测定 COD 各种实验条件对结果的影响进行了系统研究，并首先提出了不同浓度量程的 COD 测定方案，将不同浓度

COD测定准确度提到了同一水平为方法标准化提供了充分的技术依据。适宜于地表水、生活污水和各类工业污水COD的测定，可满足全国水资源检测工作的需要。2005年获国家环保总局科技进步奖。

2007年，保定市环境保护监测站完成了“水和废水中苯胺快速监测技术研究”，该研究利用苯胺具有芳香性和共轭性，并在紫外光区有特征吸收峰的特点，采用紫外可见分光光度计，于230纳米处，1厘米石英比色皿对样品进行分光光度测定，根据吸光值大小计算苯胺类化合物含量。通过研究证明利用紫外分光光度计，测定地表水、地下水、生活饮用水中的苯胺不用加任何试剂；工业废水、生活污水经过滤或蒸馏即可测定。具有测定范围宽（0.008～5.00 毫克/升）；检测下限低（0.008 毫克/升）；准确度和精密度好，回收率高（98%～101%）；变异系数低（0.34%～3.5%）；操作简便；省时、省电等优点。利用该方法测定水和废水中苯胺时，不必购置高效液相色谱仪，可节省投资几十万元。该研究创立了全新的水和废水中苯胺类化合物监测方法；对解决我国多年来测定水和废水中苯胺类化物所用仪器设备昂贵、试剂毒性大、操作步骤繁琐、测定时间长等难题作出突出贡献。

2007年12月，国家环保总局批准了由河北省环境监测中心站起草的中华人民共和国环境保护行业标准《水质化学需氧量的测定快速消解分光光度法》，为加强污染源的监督管理，规范和促进污染减排“三大体系”能力建设工作，完善国家环保标准体系，国家环保总局将该标准作为我国水污染物减排唯一一项指标化学需氧量测定的配套方法。该方法适用于地表水、地下水、生活污水和工业废水化学需氧量的测定，成为我国快速大批量测定化学需氧量的首选方法。适用于现场应急监测和实验室内应急监测，测定数据准确可靠。

2008年，河北理工大学完成了“光散射式排烟粉尘浓度在线监测技术的研究”，该研究透散法烟尘浓度测量技术是在散射积分法和透射法烟尘浓度检测技术的基础上提出的。基于Mie散射理论分析了颗粒不同的特性、平均粒径、粒径分布、散射采集角区间等对透散法的影响，该方法能够测量稀相烟尘颗粒浓度。针对颗粒在管道中的位置不同为解决带来的测量误差，提出了一种改进算法：通过计算测量系统所采集的不同位置颗粒的散射光与远端颗粒散射光强之间的比例关系，将实际测量散射光强转化为理论上的散射光强测量值，得到真实的光强测量信号，减小了颗粒浓度测量误差。光学测量仪器的窗口保护玻璃上会附着颗粒物，对测量造成影响。该研究设计了一种新的光电传感器，利用其分别测量小角度和大角度散射光，通过计算减小由此带来的测量误差。

由摩擦电法测量原理公式中可以看出，如果要测量烟尘颗粒流体的质量流速度，必须同时测量两个物理参数：棒状摩擦电传感器产生的电流值和平均气体的流速。理论公式中有两个未知量，河北理工大学采用摩擦电—超声波联用测量系统进行烟尘浓度的实时测量，即采用棒状摩擦电传感器与圆环状静电感应传感器测量烟尘管道中颗粒与金属棒摩擦所产生的纯摩擦电量的大小（电流值的大小），采用超声波测速技术测量管道中烟尘的实际流速，将两个测量值代入摩擦电法烟尘浓度测量理论公式中，即可得到管道中烟尘颗粒的质量流速度。该项目研究了摩擦电法的传感器性能，根据分析结果选择金属棒作为测量系统的传感器；研究摩擦电法颗粒浓度测量方法与超声波测速理论，提出了摩擦电—超声波联用颗粒浓度检测技术，能更加方便、实时地检测颗粒浓度；设计了合理的测量系统以及测量标定装置，可以进行实时测量研究，试验结果表明此种方法可以用于实时监测烟尘排放物浓度。

四、噪声控制研究

城市环境噪声的主要来源是交通噪声，其声级值高于其他噪声源引起的声级值，在国内城市噪声源的构成中占 35%左右。随着城市机动车辆的增长，交通噪声逐渐升高，因此街道两侧的居民对噪声污染的反映很强烈。如何控制城市交通噪声污染，已成为当前环保工作的一项重要课题。为了降低城市交通噪声，有必要研究城市交通干线噪声以及飞机噪声的计算和预测方法。1984年，河北省环境保护研究所赵仁兴发表了《城市交通噪声控制分析》、《城市交通干线噪声的计算和预测》、《飞机噪声评价方法和标准》。通过对接受点总声能、街道车流量昼夜变化的规律，不同类型街道和路旁建筑物对噪声影响进行分析后，提出了城市交通噪声的控制措施。通过理论和实测数据的统计分析，推求了交通干线噪声的计算公式和预测噪声发展趋势公式。介绍了国际上主要的飞机噪声评价方法以及各类飞机噪声标准。

1986年，河北省环境保护研究所赵仁兴提出了一种新的统计预测模式，可直接利用城市规划资料、车辆拥有量的发展趋势来预测城市交通噪声平均值、空间分布和暴露在不同声级下的人口数。用该模式对河北省主要城市交通噪声预测的结果表明，即使现有城市规划全部实现，河北省主要城市道路交通噪声仍将和现有状况持平或稍有升高，而影响的人数将有较大幅度的上升，要降低交通噪声对居民的影响，有必要采取适当的控制措施。

道路交通噪声是种起伏变化的噪声，它随车流量的变化而变化，因此人们十分关心如何获得有代表性的结果。1989年，河北省环境保护研究所赵仁兴对道路交通噪声的长期平均值和抽样日期、抽样时段的关系进行了研究。研究结果表明，利用工作日六天监测结果各时段的平均值来代表某测点的交通噪声，各声级白天、早晚、夜间的可信限均可在±1.5 分贝之内。利用工作日一天监测结果各时段的平均值来代表长期平均值所得结果的代表性较好，车流量大的情况下，多种声级90%的置信限可在±1 分贝以内，车流量小的情况下也可在±2 分贝以内。从总体结果看等效声级的监测精度将优于统计声级。

1991年，河北省环境保护研究所赵仁兴完成了道路交通噪声对汉语清晰度影响的研究。道路交通噪声影响汉语清晰度的实验研究表明，在等效声级低于70分贝情况下，对语言声级为70分贝的清晰度的影响主要和等效声级有关，但在等效声级为 75 分贝时，对清晰度的影响还和高声级的持续时间有关，在单位时间内超过某一临界声级的时间越长，对清晰度的影响越大。在保证语言声级为63分贝时，语言清晰度达75%，则Ⅰ、Ⅲ类交通噪声应低于 64 分贝，Ⅱ类噪声也应低于 67 分贝。

1991 年，河业省环境保护研究所联合中国科学院声学研究所完成了《交通噪声及其控制途径》。该文概述了我国城市道路、铁路、飞机场周围交通噪声污染的调查研究结果和制定交通噪声控制标准的依据，简要地叙述了城市交通噪声污染的现状和发展趋势，以及控制的技术和管理途径，为我国环境保护管理部门加强城市交通噪声控制的监督管理提出了科学依据。

2000 年，河北省环境科学研究所赵仁兴采用计权等效连续感觉噪声级 LWECPN 作为机场噪声评价参数，具体结合机场及周围地区的地形、航班、机种及飞机起降航迹等计算并绘出机场周围地区的等声级噪声暴露图。

五、环境污染与健康研究

2010 年 1 月，河北省环境科学研究院完成了《河北省环境与健康形势及需求调研报告》，通过文献查询、网络查询、电话询问、专家咨询、实地走访等途径，对河北省近十年大气、水体、土壤三大环境污染状况、人群健康损害状况以及环境污染与健康损害调查研究项目需求进行了总结和分析。得出结论：河北省水资源形势严峻，水环境污染较为严重，亟需在典型污染和健康损害地区开展环境污染对人群健康损害风险评价，需要得到国家专项资金支持。

六、环境生态保护与建设研究

近 30 年来河北省广泛开展了生态环境保护相关研究，这为推动生态建设工作向纵深发展奠定了基础。

1995年，保定市环境监测站保定污灌区的灌溉水质、污灌区土壤理化性状、重金属的积累及作物体内重金属含量与分布规律、作物品质状况、污灌区地下水以及污灌对白洋淀水质相关关系等进行分区评价。确定土壤中污染物质与作物体内污染物积累关系；含锌废水农灌的极限值为200毫克/升。

保定市环保研究所根据白洋淀自然环境特点，对其特有的污染源群体进行了不同的分类研究，目的在于查清污染物来源，为解决白洋淀污染问题寻求有效的途径。采用现场调查、测试、物料衡算和历史资料综合分析相结合的方法，全面查清了白洋淀氮、磷的来源。对工业、农业、生活、旅游等污染源对白洋淀的影响进行研究，发现白洋淀营养物质，特别是氮、磷的来源，农业源是第一大污染源，其次是淀区生活源。综合分析淀内营养物质的收支平稳，以白洋淀水体——水质、底质、生物等作为一个整体进行研究，提出白洋淀富营养化防治措施。

保定市环保研究所通过对白洋淀浮游生物和底栖动物的调查，查清了其优势种、种群组成、数量变动、生物量及群落结构。白洋淀水体已处于富营养化状态，提出防治对策：提高主要污染源氮、磷等营养物的处理率及去除效果；对淀内生活污染源及旅游业带来的不良影响进行综合整治等。

保定市环境监测站进行了白洋淀大型水生植物资源现状调查。结果是：①白洋淀淀中分布有大型水生植物32种，隶属15科，其优势种为芦苇、五刺金鱼藻、篦齿眼子菜、黑藻、光叶眼子菜、茨藻7种。②淀中水生植被呈环带状分布，可划分为挺水、浮叶、沉水3个植物带。③分布面积达129.9平方千米。④生物量平均7.78千克/米^2。根据调查结果，论述了白洋淀大型水生植物对富营养化的影响。即对营养盐的吸收作用；对藻类的抑制作用；促进水体淤积和营养盐释放。同时，提出了对大型水生植物的管理和保护措施。

保定市环保研究所完成了《白洋淀水体富营养化状况及防治措施的调查与研究》。通过对白洋淀的调查分析，查清了其水质状况及主要营养参数的时空分布和变化规律，采用多种评价方法，揭示了白洋淀营养及其营养程度的区域分布，制定了内治外控的有效措施，实施了以前置淀为主体的系统处理工程。

唐山市环保局、唐海县环保局、唐海县绿色食品办公室在《唐海县水稻绿色食品开发及生态环境保护研究》中提出绿色食品生产基地的可持续利用生态环境保护问题，研究了绿色食品生产基地污染防治对策和工程措施，创建了“稻田养蟹”、“稻田养鱼”主体种养模式，使水稻绿色食品生产系统处于良性循环状态，提高了土地资源和水资源的利用率。

河北省水利工程局针对河北省北部生态环境恶化、干旱、风沙危害日趋严重，水土流失已经成为主要环境灾害形式的情况，开展水土资源的可持续高效利用技术的研究，通过以径流调控理论为治理依据，以景观分区为治理对象，创造性地提出了水土资源可持续利用和农村产业调整结合，及实现脱贫致富的对策措施，该项目应用广泛，已经在4个市41个县(区)300多条小流域应用，经济与生态效益显著，达国际先进水平。

河北省环境监测中心站采用面上调查、田间试验、模型验证相结合和经济学估算等方法，分析了河北省污水水质状况及污灌对农业生态系统的主要要素的综合影响，探明了河北省污灌分布特点、类型、面积及污染状况；提出了分区管理的污水总量控制标准和方法，完善了污灌的技术管理模式；对全省污灌的环境影响进行了经济损失评估，为资源损失评价提供了科学依据，主要应用领域为农业、水利、环保以及经济决策等，既可以为相关领域的理论体系和技术开发提供实验性数据支持，又可为行业部门在制定农田灌溉、环境保护、经济产业规划等产业政策时提供决策依据。

河北省水土保持工作总站、张家口市水土保持试验站、张家口市水务局水土保持工作站合作以遥感（RS）、GIS 技术为支撑，运用微机图像处理技术、数字化技术、图形数据库管理技术等多项先进技术，形成分县1∶10万土壤侵蚀图，建立了土壤侵蚀遥感解译系统，进行数据分类集成，形成土壤侵蚀数据库和土壤侵蚀图，在充分调查流域生态状况的基础上，合理布设斑块、走廊、本底，对小流域进行径流调控设计，建立了坡耕地、坡面、沟道与村庄道路的径流聚散工程，从而提高了水资源利用效率。

河北省地理科学研究所在充分掌握黑嘴鸥繁殖环境和习性的基础上，根据滦河口湿地的现状和6年前、20年前之间的差异，对土壤理化性质和植被组成等多种因素进行了综合分析，并利用统计学方法对滦河口湿地生态环境重要指标的变化进行了研究，分析了环境变化的原因及其对黑嘴鸥繁殖地选择的影响，提出了滦河口湿地再生性恢复的建设方案。

河北省水利水电第二勘测设计研究院与水利部海河水利委员会合作运用时历法和系统预测模型法联合对多河系、多水源补水保淀水量进行了预测，立足于海河流域南系水资源现状，应用可持续发展有关认识，从微观和宏观两个层次分析了白洋淀湿地的生态功能，合理划分了白洋淀水域生态功能区，提出了白洋淀水资源承载能力的相关技术指标，并确定了现阶段白洋淀应维持的生态敏感区最低水位和水资源承载目标。该项目在海河南系经济用水与生态用水高度竞争的条件下，保证了局地生态系统用水。

石家庄市规划设计院、河北科技大学、石家庄市环境监测中心以滹沱河的自然演变、功能演变、生态退化为起点，从社会学、经济学、生态学等角度对滹沱河（石家庄段）的生态环境进行综合研究。滹沱河干旱及生态退化河流的治理方案为：采用“一线、两岸、三段、六区”的土地利用模式，分段式布设生态堤防，植被的种植采用复层结构，以利于生态的恢复，实现经济效益与生态效益的同步提升。

秦皇岛市环境保护监测站以多源、多时相遥感影像数据为主要数据源，利用“3S”技术，以景观生态学理论、生态系统服务功能、生态系统健康等现代生态理论与方法为指导，完成了秦皇岛地区景观格局与过程分析、生态系统健康格局评价、生态系统服务功能评价，在此基础上进行了全市的生态环境分区，提出各类分区生态环境恢复与重建的对策。为秦皇岛市的生态环境保护及自然资源合理利用提供了科学依据，对中尺度生态环境的监测与评估也具有借鉴意义，在区域生态环境遥感调查与评价方面达到了国际先进水平。

2006 年，河北农业大学通过对河北省坝上高寒地区退化生态系统的研究，查明了退耕地和其周围地段植被状况；对退耕地进行了包括生物多样性、土壤种子库方面的研究，采取不同的技术措施，研究了退耕地植被恢复的生态学过程，初步取得了具有利用价值的结论；首次采用人工方法，进行植物种类丰富度和均匀度对群落生产力、稳定性方面的影响程度进行探讨，并说明它们对群落影响的重要性。

河北省沧州水利学会对外调水、当地地表水与地下水、雨水、污水、咸水、海水等水资源进行统筹安排，联合调度，优化配置，有效利用；通过以上技术措施，达到停采深层地下水，涵养水源，修复与改善生态与环境，水资源可持续利用，保障居民饮水安全的目标；该项研究成果为沧州市南水北调受水区水资源优化配置与环境综合治理、引江配套工程规划提供了战略思路、治理途径和综合措施，为城市利用咸水、雨水等非常用水、建设城区地下水库提供了范例。

随着“21 世纪初期首都水资源可持续利用规划”官厅水库恢复饮用水水源功能的实施和 2008 年北京奥运会的临近，对官厅水库水质的研究有非常重要的现实意义。张家口市环境监测站于 2000 年在省科技厅申请立项研究“洋河流域阿特拉津残留对官厅水库恢复北京市饮用水水源的影响研究”（冀科计字[2000]013 号，课题编号 00276709），课题组利用 7 年时间调研监测官厅水系洋河流域特异污染物阿特拉津残留水平及其变化趋势，基本查明了整个洋河流域阿特拉津及其残留物在地表水及底质、地下水、土壤中的残留分布状况及其变化规律；建立了痕量级阿特拉津分析方法，SPE/HPLC/MS 法及改进的气相色谱法，监测环境中 0.01×10^{-9} 级的阿特拉津；将北京市的两大水源密云水库和官厅水库进行了阿特拉津残留对比监测研究，表明官厅水库阿特拉津浓度符合饮用水水源水质要求，为官厅水库恢复饮用水源提供了科学依据。2006年3月26日，河北省科技厅委托张家口市科技局组织专家对张家口市环保监测站承担的“洋河流域阿特拉津残留对官厅水库恢复北京市饮用水水源的影响研究”项目进行了鉴定。来自中国环境监测总站、中国环境干部管理学院、中国地质科学院水环所、河北省环境监测站等单位的专家，通过现场考察、质疑和讨论，认为该项目对官厅水库恢复作为饮用水水源的决策具有现实意义，总体上达到同类研究国内领先水平。

河北省环境科学研究院针对白洋淀流域生态环境及其区域可持续发展问题，首次从流域尺度，采用RS/GIS技术，按生态复合系统结构，对白洋淀及流域生态环境状况进行系统调查和分析，查明了白洋淀流域生态环境限制因子及其变化规律。首次从长时间跨度，对处于湖泊—湿地转化期的白洋淀及流域水环境系统进行了四维时空、多变量、多边界条件的综合研究，揭示了白洋淀水质时空变化特征，建立了陆域—河流控制断面—淀区控制点水质响应模型，提出了白洋淀生态环境预警指标和监控点。采用多维矩阵法，通过系统分析白洋淀生态功能和功能利用定位，揭示了白洋淀生态系统功能利用关系及其影响生态系统可持续发展的主要机制；利用最低年平均水位法、年保证率设定法和功能法等方法，提出了维持白洋淀生态系统稳定、支持流域经济—社会—自然复合生态系统可持续发展的最低生态水位。

河北省地理科学研究所以三个湖作为典型区，以3S技术为平台，采用定性结合定量的方法，首先对三个调蓄区进行了生态资源调查，分析了三湖目前存在的调蓄与供水、渗漏与盐碱化以及湿地生态系统生物多样性破坏等问题，并根据三湖的实际，分析了南水北调工程实施后，对三湖有利和不利的影响。该成果对白洋淀、衡水湖、大浪淀三湖的生态环境现状和问题、南水北调工程对三湖的生态环境影响趋势以及生态建设方案进行了针对性的研究，可为政府及相关部门决策提供科学依据；选取相关指标因子对白洋淀生态环境演变趋势进行预测预警研究，为白洋淀地区实现社会经济可持续发展具有重要现实意义。

邢台学院在对沙河市生态环境现状进行全面的调查，并对调查结果进行数学分析的基础上，确定沙河市生态环境的主要污染因子和污染源。运用数学方法和地理信息技术进行生态功能分区，并制定污染治理措施，为资源型城镇的资源合理开发利用提供依据，从而带动和支持该区经济的发展，形成独特的典型的资源型经济社区，实现经济发展的可持续增长；为进一步探求资源型城镇可持续发展的新途径提供技术支持。同时，可以增强人们的环保意识，使广大民众自觉保护生态环境，为创造良好的人居环境奠定坚实的群众基础。

唐山市环境监测中心站利用灰色线性规划方法优化污染控制方案，运用 BP 神经网络法预测唐山市城市需水量，并进行市区水资源供需平衡分析，采用多目标优化方法对唐山市区有限的水资源进行优化配置。利用一维水质模型，根据功能区控制断面法建立了河流水环境容量计算模型，分别计算了滦河、陡河不同设计流量下各河段水环境容量和污染物削减量。该研究成果将对改善滦河、陡河的水环境质量，加强水资源有效管理，协调地区环境、社会、经济的关系，促进唐山市的可持续发展及水环境状况明显改善，具有重要的现实意义。社会、经济、环境效益显著。

2006 年，河北省衡水水文水资源勘测局完成了“衡水湖湿地生态保护与环境功能研究”，该项目揭示了水质富营养化机理及变化趋势，首次查明了衡水湖的水生生物资源的时空分布及其变化规律，提出了利用优势水温开发利用生物链的科学思路，建立了三个调节方案。该项目为衡水湖湿地保护、规划与开发提供了大量的可靠数据和技术支持，为衡水湖制定引、供水预案及旅游开发等方面提供依据。该项目的应用，为做好区域水资源规划、水资源保护、科学调水等方面工作，提供了可靠的依据，也为其他地区类似研究提供了技术路线和实现方法。

石家庄经济学院以自然生态系统、经济生态系统和社会生态系统的稳定为基础，实现人与自然、社会与自然、经济与自然的协调可持续发展，达到自然和谐、社会稳定及经济良性发展的状态。运用改进的层次分析法对广义城市生态安全进行评价：利用专家咨询法和三角模糊数法对层次分析法进行改进后运用到评价的过程中；对河北省全省设区市的城市生态安全性进行比较性质的综合评价：根据最终评价值可以看出，11个设区市的广义城市生态安全性由强到弱分别是：秦皇岛→唐山→石家庄→保定→廊坊→衡水→承德→邯郸→邢台→张家口→沧州，其中秦皇岛和唐山整体城市生态较安全。该研究成果可提供给有关政府机关供城市规划和管理的决策依据。

唐山市生产力促进中心有限公司应用空间信息技术、生物技术和环保技术等，对采煤塌陷区环境、技术和社会等问题进行了详细研究，开发了采煤塌陷区生态环境动态监测及识别系统，取得了采煤塌陷区水体修复、景观设计、土地复垦等一批关键技术和工艺方法，具有实用性、针对性和可操作性。该项目以唐山市采煤塌陷区为研究对象，以环境科学、恢复生态学和土地科学为理论依据，以塌陷区生态修复示范为重点，对关键技术进行了系统研究，构建了高效、稳定的生态修复模式，可为同类采煤塌陷区的生态修复起到示范作用。该项目通过工程方法和生态修复方法，建设了大规模的生态园林景观示范区和生态农业示范区，搭建了唐山市采煤塌陷区生态修复信息系统平台。

河北农业大学通过对白洋淀湿地生态系统资源利用与保护进行研究，分析了淀区湿地资源利用现状及其开发过程中存在的主要生态环境问题，对湿地资源利用与保护的国内外相关文献资料进行了搜集、整理，了解到了国内外解决湿地资源利用与保护问题的最新研究资料；通过与相关政府部门座谈及对淀区居民的随机调查访问，获取了白洋淀淀区湿地资源的第一手资料。最后，在生态承载力理论、可持续发展理论、生态系统理论等相关理论的指导下，运用系统分析的方法、定性分析与定量分析相结合的方法对获得的数据资料进行整理分析，了解到淀区湿地资源利用与保护现状、淀区湿地资源利用与保护过程中存在的问题，并从宏观的角度提出了白洋淀淀区湿地资源利用与保护的可行建议。为白洋淀持续、健康发展，稳定发挥生态服务功能提供科学指导，同时也为其他相关地区资源利用与保护提供参考与借鉴。

2008 年，中国环境管理干部学院完成了“3S-EIS 技术下的秦皇岛地区生态安全评价综合研究”。该项目以秦皇岛市生态环境时空特征为研究对象，运用生态安全、地学信息图谱、LUCC、景观生态学和土壤侵蚀的理论和方法，在 3S 技术支持下，对生态环境基础信息和其他社会经济信息进行处理，将土地利用与景观衔接、数学模型与图谱模型结合，建立土地利用变化与预测信息图谱模型、景观图谱模型、土壤侵蚀图谱模型，经过图谱模型的运算，揭示了区域生态环境及其各要素空间形态结构与时空变化规律，构建出区域生态安全时空格局信息图谱，为生态环境的规划和决策提供重要的科学依据和具体的实施方案。对基于地学信息图谱模型进行生态评价的理论和实践进行了探索。

中国环境管理干部学院完成了“RS-GPS-GIS-MODELS 技术下的秦皇岛生态安全综合研究”，该研究首次构建 Logistic-CA-Markov 多图谱信息耦合模型，对研究区土地利用影响进行了分析，全部过程集成化、图谱化和栅格化，最终实现了对土地利用空间分布和数量分布的预测，运算结果精度提高。首次构建径向基神经网络模型，进行了生态安全评价，评价结果符合研究区实际情况。研制了秦皇岛市土地利用图谱系，景观图谱、土壤侵蚀图谱系、生态安全图谱。该项目对秦皇岛市生态安全动态过程进行分析、模拟和预测，探索土地利用过程中社会、经济和生态方面的驱动机制，揭示土地利用变化规律，可以为城市发展规划、环境保护规划、生态城市建设规划、城市土地管理、林业部门、自然保护区部门和城市可持续发展提供科学决策依据。具有实用价值，有着良好的应用前景、社会效益和经济效益。

河北大学完成了“白洋淀数字化管理预报系统研究”，该项目主要为白洋淀的生态环境及防洪排涝管理提供数字化地形基础，属于基础应用研究。该研究包括的研究目标：① 解决白洋淀及周边蓄滞洪区约 1 000 平方千米范围内的地形数字化问题，为智能化管理白洋淀（防洪排涝、生态干旱、污染分布等）提供数字化水位图。形成数据并绘制不同水位的图片。形成的数据包括村庄、芦苇、堤坝、公路等。② 监测白洋淀生态干旱的发生情况，针对不同的低水位，给出白洋淀实际水面的准确范围，并发出不同级别的干旱预警信息。该项目首次全部数字化白洋淀区域地形图，得到了高精度的白洋淀数字地形数据，建立了智能化管理的数字基础；能准确确定水位并预警，为设定生态干旱的特征指标提供科学依据。得到动态水位分布可提前预测、比较不同的淹没面积及水深；开发设计了用于读取图片数据的专用程序，有效提高了数据读取精度。

2008 年，唐山市曹妃甸工业区管理委员会按照循环经济的发展理念，利用华润电厂的温排水，规划建设海洋生物苗种繁育基地，通过规划建设海洋牧场、湿地保护区等，实现规划区生态修复、保护，可逐步改善并提高曹妃甸周边海域的海洋生态环境质量。该项目创新点：① 提出了海洋牧场建设与港口工业区开发建设同步进行的循环经济模式；② 构建了多功能立体节能自动控制循环经济型海洋生物增殖放流苗种繁育技术体系；③ 采用湿地保护和选择最佳适宜本海域生长的“海藻—贝类”健康增养殖模式以净化海域水质。该项目在进行曹妃甸工业区建设的同时，对曹妃甸区域海洋生态建设和保护进行规划建设具有重要的意义。

同年，唐山市曹妃甸工业区管理委员会采用实地调查、历史数据分析和数学模拟等方法，系统分析了曹妃甸工业区的概况和工程规模，在分析曹妃甸工业区的环境现状的基础上，对曹妃甸工业区生态影响现状进行评价，预测了曹妃甸工业区对生态系统的影响，并开展了生态风险评估和从生态影响的环境经济损益角度分析，最后从生态保护组织机构建设和规划、生态环境管理能力建设、政策及管理体系、资金投入、人力资源与科技投入等方面，提出了曹妃甸工业区生态保护的保障措施。

该研究全面反映曹妃甸工业区所在地的生态环境的现状，明确了工程建设对生态系统可能产生的不利影响，并提出生态补救措施，使曹妃甸工业区建设对海岸海洋生态系统的影响降低到最低程度，从而使曹妃甸工业区建设成为循环经济的典范。在曹妃甸工业区建设对海岸海洋生态影响与预测研究中引入了生态风险评估和生态影响的环境经济损益分析内容，从定量的角度对开发区的生态风险和环境经济的损益进行研究。该研究不仅对海洋生态系统而且对陆地生态系统现状和工业区开发的生态影响都进行分析，并重点研究滩涂湿地的生态功能，提出对鸟类生态系统的影响，并提出了相应的补救措施。该研究在实地调查和参阅有关技术文件的基础上，结合曹妃甸区域卫星遥感资料对比分析，然后通过建模对开发区建设的生态系统的影响进行分析，全面反映对生态系统可能的不利影响，这些方法在一般的填海工程和海岸开发工程中应用较少，能有效地反映开发区建设对生态系统影响的程度。对曹妃甸工业区建设具重要指导意义。

第三节　环境遥感技术

河北省遥感技术应用始于20世纪80年代，三十多年来遥感技术在河北省的土地资源、矿产资源、林业资源、水资源调查监测、生态环境保护、农作物估产、气象预报、防灾减灾、城市规划、国土测绘等众多领域得到了广泛的应用。遥感技术应用力量比较强的单位有河北省遥感中心、核工业航测遥感中心、河北省测绘局遥感中心、河北省气象科研所、河北省国土资源规划院、河北省林业勘测设计院等单位以及省农林科学院、地理研究所、河北师范大学、河北农业大学、河北科技大学、石家庄学院等有关科研院所和大专院校，在环境保护方面，遥感技术主要应用于生态环境监测、污染源调查等，通过遥感图像处理和分析可以对大气、水体和固体废弃物排放的污染进行调查和监测，可以识别污染的类型、范围和程度、评价其危害性。已经开展过的比较大的项目有河北省生态环境遥感调查(2006年)、河北省土地沙化遥感监测(2001年)、河北省水土流失遥感监测（2003年）、河北省矿山地质环境遥感监测等(2006—2010年)。

近年来，随着我国环境卫星（A、B两星）的发射成功，遥感技术在环境保护领域中的应用得到了进一步的加强，以卫星为平台的对环境变化和污染状况的监测手段得到了改善，监测能力得到了加强，随着无人机遥感的出现，遥感对于污染事件监测的机动性大大提高，天地一体化的环境保护网络正在形成。

表3-1　2000—2008年与环境保护相关的部分遥感项目一览

序号	起止时间	项目名称	完成单位	研究目的	研究方法	成果应用范围	应用效果
1	2001—2002年	河北省土地沙化卫星遥感动态监测系统研究与开发	河北省遥感中心	为土地沙化监测提供技术平台	软件开发、试点监测	可用于区域土地沙化、生态环境变化监测	获取了不同时间坝上地区土地沙化变化信息
2	2003—2004年	河北省武安矿山地质环境遥感动态监测	河北省地质调查院	研究矿山地质环境动态监测的技术路线和方法	利用不同时间的遥感数据获取矿山地质环境变化信息	各类矿山地质环境变化动态监测	获取了典型地区（武安）20年来矿山地质环境变化信息
3	2006—2010年	河北省国土资源遥感动态监测	河北省遥感中心	开展全省土地及矿山地质环境监测	开发监测系统，开展试点监测	全省	获取了2006—2010年邯郸、邢台、沧州等试点地区土地利用及矿山地质环境变化信息
4	2006—2010年	重点成矿带与矿集区矿产资源开发多目标遥感调查与监测	河北省地质调查院	监测包括河北省主要矿山在内的矿山地质环境变化	利用多时相遥感数据，通过对比解译分析提取矿山变化信息	全省	获取了2006—2010年全省矿山地质环境变化信息

第四节 研究成果

河北对环境污染以及自然保护等各个领域开展了广泛研究。在1979年到2008年期间登记的科技成果达417项（见表3-2）。其中获得省部级以上的奖项占50%以上，特别是“镀锌钝化间歇逆流清洗闭路循环工艺研究”、“城市道路交通噪声控制研究”等成果，在实际应用中取得了良好效果。

表3-2 1979—2008年河北环保科技成果

序号	项目名称	完成单位	完成者姓名	获奖等级	获奖时间
1	造纸黑液制树脂	河北省新河县油毡造纸厂、河北省邢台地区环境保护研究所、河北省邢台市环境保护研究所	宋林保、王德政、朱银生、南德敏、刘东生、马寿平	河北省科技成果四等奖	1979年
2	辛集市纺织厂污水生物处理工程	辛集市纺织厂污水治理专业组	陈建光、刘进田、苏维英、郑克进、于世杰、陈振江、田季青	—	1980年
3	生化—物化法深度处理印染废水小型试验研究	保定市环境保护研究所	门漱石、邵仕侠、牛艳香	—	1980年
4	枪管镀铬间歇喷淋清洗无排水工艺	机械电子工业部北方设计研究院	郑瑜珍、吕万程	五机部技术改进成果二等奖	1980年
5	YFJ型离心式粉尘分级仪	河北省承德市仪表厂、北京市劳动保护科研所	王以顺、张靖生、常启旺、刘以恺	河北省新产品奖	1980年
6	梯恩梯——二硝基萘装药废水生物处理	机械电子工业部北方设计研究院	郑汉南、薛玉香、侯卓、关风琴、董秀珍	国务院国防工办重大科技改进二等奖	1981年

序号	项目名称	完成单位	完成者姓名	获奖等级	获奖时间
7	BL-1 型离子交换小型自动化除铬试验装置	机械电子工业部北方设计研究院	樊振江、宋丁炎、刘丽	国防工办重大科技改进二等奖	1981 年
8	镀锌钝化间歇逆流清洗闭路循环工艺研究	机械电子工业部北方设计研究院	吕万程、武乃猷、黄永兵、王龙格、彭泽华	五机部技术进步一等奖、山西省科技成果一等奖	1981 年
9	镀锌钝化含铬废水治理新工艺逆流喷淋自动清洗余热蒸发浓缩闭路循环	机械电子工业部北方设计研究院	郑瑜珍、崔兆鹏	国务院国防工办重大科技改进四等奖	1981 年
10	棉浆黑液制成减水剂试验	国营保定造纸厂（604 厂）	冯忠、刘才、孟庆	河北省科技三等奖	1982 年
11	高炉水冲渣闭路循环新工艺	天津铁厂、北京钢铁设计研究总院	赵之泉、高鹤臣、陆明春、张宗瑜	1982 年获冶金部重要科技成果四等奖、天津市科技成果二等奖，1984 年获国家环保局环境保护局科技成果项目奖	1982 年
12	离子交换法处理含氰化镀铜锡合金废水并回收氰化钠	机械电子工业部北方设计研究院	樊振江、宋丁炎、刘丽	1982 年获北京市科技成果二等奖，处理设备获国家经委金龙奖；1983 年获国家发明三等奖	1982 年
13	粘胶化纤厂生产废水处理（生物接触氧化法处理碱法棉浆废水）	国营保定化学纤维联合厂	卢郁彰、郭锡光、刘兴杰、李启元	—	1982 年
14	预曝气沉淀池加棕片抑制“污泥膨胀”	辛集市纺织厂污水处理站	刘进田、郑克进、陈燕林、陈沧海、田从燕	—	1982 年

序号	项目名称	完成单位	完成者姓名	获奖等级	获奖时间
15	梯恩梯及梯恩梯-二硝基萘装药废水中梯恩梯的比色测定	机械电子工业部北方设计研究院	段会恩、马子权	—	1982年
16	北戴河风景区环境质量现状评价，海域污染负荷与防治途径	秦皇岛市环境监测站	刘殿生、杨复生、王文琴、顾长安、马兆斌	获省科技成果三等奖	1982年
17	石家庄市区域环境质量评价及污染防治途径研究	石家庄市环境保护局	宋树恩、赫鸿钧、马大明、王明琪、贾增普、郭士、毕国典、马让、赵仁兴、于志恒、郑德亮	石家庄市科技成果一等奖、河北省科技成果二等奖	1982年
18	小氮肥厂污水处理	河北省化工研究所、石家庄地区滹沱河化肥厂	马玉英	1982年获河北省科技进步二等奖，1985年获国家科技进步三等奖	1982年
19	活性炭吸附法处理TNT——黑索金废水生产性试验研究	机械电子工业部北方设计研究院	赵来旺、刘文学	国防工委重大技术改进四等奖	1983年
20	邯郸市化工区工业废水处理方法研究	邯郸市环境保护局	苗荣庆、王毅顺、李藏会	河北省科学技术协会优秀建议奖、国家环境保护局科技情报网成果汇编奖	1983年
21	60米^{2}电除尘器样机	宣化冶金环保设备制造厂	王勇	冶金部科技成果三等奖、国家级优秀新产品金龙奖	1983年

序号	项目名称	完成单位	完成者姓名	获奖等级	获奖时间
22	有色冶金电除尘器样机YWZ-40-2/3	宣化冶金环保设备制造厂	王胜利、田家弟、马洪军	获1983年度中国有色金属总公司科技成果三等奖，整个除尘系统获1987年度国家银质奖、1985年度河北省优秀新产品奖、1983年度张家口市科技成果三等奖	1983年
23	旋风袋式除尘器	邯郸市环境保护研究所、邯郸市絮棉厂	赫金柱、马寄语、刘键	邯郸市优秀科技成果三等奖	1983年
24	生物降解法处理黑索金废水中黑索金的示波极谱测定	机械电子工业部北方设计研究院	侯卓、董秀珍、马淑琴、安素芳	五机部技术改进二等奖	1983年
25	用环炉法测定水中的微量硫化物	华北电力学院	陶恩中	—	1983年
26	高炉水冲渣闭路循环新工艺	天津铁厂、北京钢铁设计研究总院	赵之泉、高鹤臣、陆明春、张宗瑜	—	1984年
27	承德钒钛型高炉渣膨珠生产工艺	冶金部建筑研究总院、承德钢铁厂	刘俊生、徐尚先、王坤炉、王建华、梁富智	冶金部科技成果四等奖	1984年
28	装药厂总排放口水中梯恩梯、黑金索、二硝基萘的气象色谱测定	机械电子工业部北方设计研究院	段会恩、侯卓、张利亚、安素芳、周桐	—	1984年
29	保定市环境质量综合评价研究	保定市环境保护局	门漱石、邵仕侠、王路光、霍福英	保定市科技成果一等奖、河北省科学进步四等奖	1984年
30	《保定市环境质量报告书》（1982年度）	保定市环境监测站	门漱石、李葆安、邵仕侠、王路光、赵晋民	—	1984年

序号	项目名称	完成单位	完成者姓名	获奖等级	获奖时间
31	厂坝环境质量评价工程水团追踪试验	冶金部勘察研究总院	冯元章、屠显章	保定市科技成果三等奖	1984 年
32	厌氧生化法处理梯恩梯、黑索金及梯恩梯—黑索金混合装药废水	机械电子工业部北方设计研究院	薛玉香、靳建永、刘珍凤	获国防科工委重大科技成果三等奖	1985 年
33	装药厂总排放口废水中梯恩梯、黑索金薄层色谱法测定	机械电子工业部北方设计研究院	侯卓、关凤琴、马淑琴	兵器工业部科技进步二等奖	1985 年
34	大气环境地面自动监测系统	石家庄市环境保护监测站	徐有均、张忠发、梁易辰、赵海平、崔庆锁、全会军、邸京、陈境允	石家庄市人民政府科学技术进步四等奖	1985 年
35	YLF-Ⅰ型冲击式粉尘粒度分析仪	河北省承德市仪表厂、机电部设计研究院	陈文春、卢继正、郑锡金、王加钢	承德市科技进步三等奖、国家机电部科技进步三等奖	1985 年
36	装药厂总排放口废水中梯恩梯、黑金索、地恩梯、二硝基苯的气象色谱测定	机械电子工业部北方设计研究院	段会恩、张利亚	—	1985 年
37	滏阳河水污染与环境质量综合评价（邯郸地区段）	邯郸地区环境保护办公室	王冰	1985 年“东武式水库、永年洼污染调查及滏阳河高等植物群落”获邯郸地区自然科学专题论文三等奖，1986 年获邯郸地区自然科学专题论文一等奖，1987 年获邯郸地区科技进步二等奖	1985 年

序号	项目名称	完成单位	完成者姓名	获奖等级	获奖时间
38	高炉放风消声器(小孔与阻性复合结构实用新型)	天津铁厂(地址在河北省涉县)、北京钢铁设计总院、北京市劳动保护科学研究所	陆明春、董太禄、戴杰	冶金科技成果三等奖	1985年
39	紫外光光解法处理钝黑铝装药废水	机械电子工业部北方设计研究院	穆传奇、任秀丰、侯卓、王拥宪、武小美、彭京	兵器工业部科技进步二等奖	1986年
40	黄铜酸洗废水综合治理工艺及设备	机械电子工业部北方设计研究院	郑瑜珍、崔兆鹏、武小美、曹萍英、彭京	兵器工业部科技进步二等奖	1986年
41	超滤法处理玻纤浸润剂废水	秦皇岛玻璃纤维总厂、湖北沙市水处理设备制造厂	刘振盛、王玉英、李连成、刘汝江	市优秀科技成果二等奖	1986年
42	氧化铝熟料窑板卧式电除尘器	宣化冶金环保设备制造厂	李德林、王勇、李淑华、康存林、马洪军	冶金部科技进步四等奖、河北省优秀新产品二等奖、河北省科技进步四等奖，张家口市科技进步二等奖	1986年
43	冷凝一催化燃烧两步法处理油漆厂热动尾气新工艺	机械电子工业部北方设计研究院	孟庆海、张克勤、乔银兵、韩志岩	河北省科技进步三等奖	1986年
44	GLF86型高浓度粉尘粒度分级仪	河北省承德市仪表厂、机电部设计总院	王加钢、杜斌、卢继正	河北省计划经济委员会新产品科技进步二等奖	1986年
45	河北省主要城市大气污染现状及其防治对策	河北省气象科学研究所、河北省气象局情报室	段英、袁希博、马桂英、田竹节、沙振忠	—	1986年
46	晶体管高压静电除尘器	沧县科研所	张介轩	国家环保局科技进步三等奖	1986年

序号	项目名称	完成单位	完成者姓名	获奖等级	获奖时间
47	小氮肥厂环境污染综合治理	井陉化肥厂	张兵法	国家环保局科技进步三等奖	1986年
48	双级多速燃煤机	冀县环保设备厂	—	河北省科技成果奖二等奖	1986年
49	200m^3 上流式厌氧反应器	华北制药厂	—	国家环保局科技进步二等奖	1986年
50	首钢一烧HSWD50 m^2 电除尘器	宣化冶金环保设备制造厂	王胜利	冶金部科技进步四等奖	1987年
51	燃烧吸收法消除甲硫醇对大气的污染	河北省冶金学校	武树云、李再生、姜印明	—	1987年
52	杀灭菊酯在小麦上的安全使用标准及其残留量测定方法	河北省农林科学院植物保护研究所、河北省农林科学院理化研究所	徐金印、默涛、王素清、张维忠、郑善强	河北省科委科技进步三等奖	1987年
53	细菌彷徨试验检测城市污水致突变性研究	河北省肿瘤研究所	赵泽贞、黄民提、梁索元、丁树荣	河北省卫生厅科技成果三等奖	1987年
54	邢台钢铁厂碎渣水对周围地下水污染情况调查研究报告	邢台市环境保护监测站	吴碧兰、南德敏	邢台市科技成果二等奖	1987年
55	邯郸市区环境污染综合防治规划研究	邯郸市环境保护局	李文成、张志敏、张均显、李亚、张振珠	获邯郸市人民政府优秀科技成果二等奖	1987年
56	加压溶气铁氧法处理阳离子交换再生液	机械电子工业部北方设计研究院	温宝忠、李德喜、马子权、孙敬萱、刘丽	国家机械委科技进步三等奖	1988年
57	多柱串联法精华回收镀铬母液	机械电子工业部北方设计研究院	温宝忠、刘丽、李德喜、马子权、孙敬萱	国家机械委科技进步三等奖	1988年
58	北方地区含氢废水生化处理	石家庄化肥厂	—	—	1988年

序号	项目名称	完成单位	完成者姓名	获奖等级	获奖时间
59	接触氧化法处理棉浆废水中型试验研究	中国人民银行国营六〇四厂、中国科学院生态环境研究中心	李文才、薛茂杰、苏书智、贾荣相、雷志芳	—	1988 年
60	电镀含铬废液中铬的回收及在皮革鞣质中的应用	保定市环保处、保定电镀厂、保定制革厂	霍富英、仲宝华、李海池、赵常青、李风镜	保定市科技成果三等奖	1988 年
61	烧结机头烟尘净化用电除尘器	宣化冶金环保设备制造厂	席德元、乔爱琴、李亚夫、田万生	冶金部科技进步三等奖、河北省优秀新产品一等奖	1988 年
62	首钢自备热电站 130m^3 电除尘器	宣化冶金环保设备制造厂	金振影	冶金部科技进步四等奖	1988 年
63	XBZ 型斜多管旋风除尘器	张家口市锅炉辅机房、北京市劳动保护科学研究所	高手方、王宝祥、于孝先、郑建平	—	1988 年
64	采样干燥空气技术综合治理磺化过程中的“三废”	石家庄市地区辛集市石油化工厂	唐梦月、赵云峰、王聚杭、贾宝存、位文水	1988 年获石家庄地区科技进步二等奖，1989 年获河北省科委科技进步四等奖	1988 年
65	高炉钛渣护炉综合利用	承德钢铁厂、北京钢铁学院	韩建德、董一诚、芦铁忠、陈培坚、郁贵康	河北省科技进步二等奖	1988 年
66	磨细粉煤灰石灰粉	邯郸市环境保护局	韩秀英、闫国华、徐星昭、李藏会、田时龙	—	1988 年
67	立德粉置换渣的综合利用	行唐县化工厂和石家庄地区化学工业公司	李银虎、张志理、李焕朝、祖文英、王顺雪	1988 年参加河北省第二届发明展览会并获奖、河北省石化 QC 成果一等奖	1988 年

序号	项目名称	完成单位	完成者姓名	获奖等级	获奖时间
68	微机处理噪声自动分析仪	邢台市环境保护监测站	郜乃君、董玉德、杨文珂、李斌、李获胜、贾银怀	获邢台市科学技术委员会科技成果四等奖	1988 年
69	包头钢铁公司尾矿场渗漏水对环境影响评价的评价与研究	冶金部勘察研究总院	屠显章、张仁甫、刘学敏、孙桐、周建平	冶金部科技进步三等奖	1988 年
70	《石家庄地区国土资源》第五篇生态环境	石家庄地区计划委员会	熊克锋	—	1988 年
71	邯郸市农业环境区划	邯郸市环境保护局、邯郸市农业区划办公室	李文成、王建华、张志敏、高翔霞	河北省农业区划一等奖	1988 年
72	石家庄市区尘污染规律及防治途径的研究	河北省气象科学研究所、石家庄市环境保护研究所	段英、岳存义、杨德广、刘海月、韩志成	1988 年获河北省气象科学技术进步二等奖，1989 年获石家庄市科学进步二等奖，1989 年获河北省科技进步三等奖	1988 年
73	河北省邯郸市辖海河流域水资源保护规划	邯郸市环境保护局、邯郸市农电水利局	李文成、郭士春、张志敏、赵英武、闫风英	—	1988 年
74	河北省沧州地区辖大清河流域水资源保护规划	沧州地区环境保护办公室、沧州地区水利局	冯书勤、田军、侯秀琴、史守和、盖俊杰	沧州地区科技进步四等奖	1988 年
75	黄磷废水封闭循环治理技术	机械电子工业部北方设计研究院	李廷化、丁元虎、黄秉东、牛前、黄翠萍	机电部科技进步三等奖	1989 年

序号	项目名称	完成单位	完成者姓名	获奖等级	获奖时间
76	邯郸市郊水灌溉污染变化规律的研究	邯郸地区环境科学学会、邯郸市环境科学学会	王秀兰、王冰、高翔霞	—	1989年
77	上流式厌氧污泥反应器处理棉浆黑液中型试验	国营六〇四厂、轻工业部设计院	余惠芳、孟庆玲、贾荣相、蔡汉权、孙沛任	轻工业部科技进步三等奖	1989年
78	地热水降氟技术研究	沧州地区科学技术委员会、沧州地区军分区	腾子静、何清洁、腾建新	—	1989年
79	洁霉素废水治理试验研究	机械电子工业部北方设计研究院	薛玉香、李瑞杰、马子权、王拥宪	—	1989年
80	JT 高效污水净化剂	赞皇县污水净化剂厂	朱孟芹、赵玉春、韩海志、韩建喜	—	1989年
81	炼油厂 CO 助燃剂在大气污染综合治理中的应用研究	保定市石油化工厂	周兰营、王书良、李文英、代升祥、刘冬暖	保定市科技成果一等奖	1989年
82	烧结机除尘系统改进	天津铁厂烧机尾除尘改进小组	刘志嘉、王淑惠、曹荣贵	天津市环保科技进步优秀奖	1989年
83	SM 型机立窑烟尘净化装置	中国统配煤矿总公司第一建设公司建筑材料厂	白云鹏、张蕴英、李永昌、耿翠萍	邯郸市科技成果三等奖	1989年
84	粉煤灰使用技术 125 项	邯郸市环境科学学会	颜承越、高翔霞、王秀英	—	1989年
85	邯郸区域火力发电厂储灰场还田种植及开发途径的研究	邯郸地区环境科学学会	王冰、陈进民、邢菊茹、王自宏	—	1989年
86	电厂储灰场种植绿化固灰技术研究	邯郸热电厂、邯郸市环境保护局	刘熙明、王振海、魏庆祥、魏高炬、金光生	河北省环境保护科技进步三等奖	1989年

序号	项目名称	完成单位	完成者姓名	获奖等级	获奖时间
87	钢渣入炉冶炼	承德钢铁厂	王明奎、田沛山、张庆森、郑生武、姜振风	河北省环境保护科技进步三等奖	1989 年
88	五吨化铁炉粉尘及渣棉治理	河北省冶金能源环保研究所、石家庄钢铁厂	孙绍栾、陆真冀、米森林、张传和、朱可夫	河北省冶金厅科技三等奖	1989 年
89	水中石油类污染物三种鉴别分析方法（紫外、红外、荧光）中油标准的选择	河北省环境监测中心站	李凤林、刘德福、王志恒	河北省环境保护科技进步二等奖、河北省科技进步三等奖	1989 年
90	HZJ—01 型环境噪声自动监测系统	秦皇岛市环境保护局、沈阳市电子研究所	余振危、洪光、李康明、蒋秦刚、赖技科	河北省科技进步三等奖	1989 年
91	BCC 型锅炉烟尘浓度测试仪	河北省承德市仪表厂、北京市劳动保护科学研究所	卢继正、张宏程、代戈、刘大庆	—	1989 年
92	河北省环境监测数据处理系统	邯郸地区环境监测站	贾进川、霍海燕、陈进民、司九宾	—	1989 年
93	使用大肠杆菌快速测定污水毒性方法的研究	河北省环境监测中心站	吕奎山、徐远春、于宏、史彦	—	1989 年
94	兵器工业环境影响评价方法研究	机械电子工业部北方设计研究院	刘淑贤、张克勤、张文华、肖汉英、赵文	机械电子工业部科技进步三等奖	1989 年
95	河北平原地下水水质评价及保护研究	河北省环境水文地质总站	王金海、姚玉致、梅双斌、李文才、李云庆	—	1989 年
96	河北省高氟地下水分布规律及形成问题	河北省环境水文地质总站	王金海、徐峰、姜庆贵、王新阁、蔡整放	地质矿产部科技成果三等奖	1989 年

序号	项目名称	完成单位	完成者姓名	获奖等级	获奖时间
97	石家庄市《城市区域环境噪声标准》适用区域的划分	石家庄市环境保护监测站	付景芬、闫宁	石家庄市科技进步二等奖、河北省科技进步四等奖	1989年
98	沧州地区废水处理设施效益分析调查研究报告	沧州地区环境监测站	刘玉英、祁维升、杨梅林	沧州地区科技成果三等奖	1989年
99	石家庄市工业废水处理设施效益分析调查研究	石家庄市环境保护局	赫鸿钧、薛连成、田书英、王鲁	石家庄市科技进步二等奖	1989年
100	石家庄市社会经济发展的环境污染问题及防治对策	石家庄市环境保护局	刘祥炎、史立皂、赵文明、王红雅	石家庄市科技进步二等奖	1989年
101	石家庄市环保补助资金使用效益调查与对策研究	石家庄市环境保护局	赵文明、贾建和、梁振青、孙志强、赵建平、郑小宁	—	1989年
102	秦皇岛市环境保护补助资金使用效益调查分析报告	秦皇岛市环境保护局	金夏春、李素琴、郭连恒、高英杰、劳其团	秦皇岛市科技进步三等奖	1989年
103	秦皇岛市经济开发区环境背景调查及环境规划研究	秦皇岛市环境保护局、河北省科学院地理研究所、河北省科学院应用数学所、秦皇岛市环境监测站	马大明、顾长安、李和顺、李书砚、薛兆瑞	秦皇岛市科技进步二等奖	1989年
104	滦河水系水源保护规划课题研究	河北省水利厅、河北省环境保护局	朱邦贵、张敬宇、高志强、珠海英	—	1989年
105	大清河水系水资源保护规划	河北省环境保护局、河北省水利厅	王守敏、李新杰、范如华、李文体、刘素贤	—	1989年

序号	项目名称	完成单位	完成者姓名	获奖等级	获奖时间
106	《石家庄地区环境保护志》	石家庄地区环境保护办公室	刘全彬、彭同庆、郭淑芳	—	1989年
107	河北省水资源保护规划	河北省环境保护局、河北省水利厅	苗育林、寇洪成、胡俊明、李文体、范茹华、朱邦贵、刘素贤、王守敏、刘军、郑瑞奇	—	1989年
108	邯郸地区水资源保护规划研究	邯郸地区水利局、邯郸地区环境保护办公室	夏奕文、李同福、王家昌、杨惠增、曹申平、李维鼎、陈进民	邯郸地区科学技术进步四等奖	1989年
109	《邯郸市环境管理与治理技术资料编选》	邯郸市环境保护局	任国林、魏高炬、苗荣庆、王振海、孟申堂	—	1989年
110	关于农业环境纠纷的处理	邢台市环境保护局、邢台市农业技术委员会、邢台市计划委员会	段赞、张发民、张心毫、刘琴	1989年邢台市科技成果四等奖	1989年
111	制定唐山市大气污染物排放标准的研究	唐山市环境监测中心站、河北省气象科学研究所	张风岗、潘贵仁、韩志成、张书田、刘海同、段英、曲修霞	河北省部级三等奖	1989年
112	河北省环境天然放射性水平调查研究	河北省环境保护研究所、河北省放射环境管理站	郑德亮、王树明、杨焕峰、白进杰、牟英哲、刘秀荣、张七红、田文凯、张惠娟	河北省环境保护科技进步二等奖、河北省科技进步四等奖	1989年
113	树枝填料塔式生物滤池处理含氰含硫废水	磁县化肥厂、邯郸地区城乡建设环境保护办公室	李希勤、陈进民、司九宾	河北省环境保护局环境保护科技进步三等奖	1990年

序号	项目名称	完成单位	完成者姓名	获奖等级	获奖时间
114	石家庄市氧化塘对城市污水处理系统及农业利用研究	河北省环保局、河北省环保所、石家庄市政养护管理处、农渔部环境科研监测所、河北师范大学、石家庄市环境检测站、石家庄市西三教大队	王军和、刘德福、周式君、王德荣、李生志、赵联巧、杨德广	河北省环保局科技进步三等奖	1990 年
115	SKD-1 型双锟可调带式除油机	河北省冶金能源环保研究所	陈淑芬、辛步彰、冯书建、徐怀军、徐大任	1990 年 5 月 22 日在河北省第三届发明展览会上获得省科委铜奖	1990 年
116	利用生物工程综合治理柠檬酸二次有机废水试验研究	机械电子工业部北方设计研究院	饶汉东、韩永锋、薛玉香、羡永、王拥宪	—	1990 年
117	废丝生产玻璃马赛克新技术	秦皇岛玻璃纤维总厂建筑材料装饰厂	刘颖慧、刘彦骅、张立山	—	1990 年
118	水和废水中酚类的荧光分光光度法测定	河北省环境监测中心站	李凤林、刘德福、王志恒、易林	—	1990 年
119	《PC-1500 袖珍计算机数理统计应用程序集》	邯郸地区环境监测站	夏奕文	—	1990 年
120	保定市大气监测优化布点方案的研究	保定市环境监测站	王彩路、管景峰、崔晓波	—	1990 年
121	《沧州市环境质量报告书》（1985 年度）	沧州市环境监测站	湛惠卿、刘明、牟金玲、李焕祥	沧州市 1988 年度优秀论文	1990 年
122	莱钢地区地下水污染机理与环境影响预测方法的研究	冶金工业部勘察研究总院	刘学敏、吴斌、冯元章、唐金荣、周建平	—	1990 年

序号	项目名称	完成单位	完成者姓名	获奖等级	获奖时间
123	保定市工业结构对环境影响的调查研究	保定市环境监测站	邵仕侠、王忠辉、牛艳香、崔秀丽、卢玉明	—	1990 年
124	石家庄市水资源保护规划	石家庄市环境保护局、石家庄市水利局	史立皂、贾建和、李海山、梁振青、安同月	石家庄市科技进步二等奖	1990 年
125	黑龙港及运东地区水资源保护规划	河北省水利厅、原河北省环境保护局	范茹华、刘军、李文体、李新杰、刘素贤	河北省科技进步四等奖	1990 年
126	《保定市环境保护志》	保定市环境保护局	门漱石、邵仕侠、季风芝	—	1990 年
127	邯郸市人发中微量元素背景含量研究	邯郸市环境保护监测站	王秀英、张志伟、李秀敏、苗喜志	河北省环境保护科学技术进步二等奖	1990 年
128	大清河水系水资源保护规划	—	王守敏、李新杰、范如华、李文体、刘素贤	河北省环境保护科学技术进步三等奖	1990 年
129	衡水地区化工与环境保护协调发展战略研究	—	王书秀、梁桂林、高树国、张立敏、李润苒、张琪	河北省环境保护科学技术进步三等奖	1990 年
130	邯郸区域火力电厂储灰场还田种植及开发途径的研究	—	王冰、陈进民、邢菊茹、王自宏	河北省环境保护科学技术进步三等奖	1990 年
131	黑灰处理电镀混合污水新方法的研究	—	常风林、阎立荣、葛泽亭、阎玉勤、姚念增、王士贵	河北省环境保护科学技术进步三等奖	1990 年
132	《邯郸环保》刊物	—	王秀英	河北省环境保护科学技术进步三等奖	1990 年

序号	项目名称	完成单位	完成者姓名	获奖等级	获奖时间
133	微机处理噪声自动分析仪	—	郜乃君、董玉德、杨文科、李斌、李获胜	河北省环境保护科学技术进步四等奖	1990 年
134	遵化县黎河水质评价与污染控制研究	—	李建久、范成有、尹子琴、韩月珍	河北省环境保护科学技术进步四等奖	1990 年
135	环境常规监测数据库管理系统	—	李斌、李获胜、贾银怀、董玉德、杨文珂	河北省环境保护科学技术进步四等奖	1990 年
136	城市道路交通噪声评价方法可行性研究	河北省环保所、天津市环境监测站	赵仁兴、陈光华、林观辉、郭静加、魏志刚	河北省环境保护科学技术进步一等奖	1991 年
137	河北省水资源保护规划	河北省环保局、河北省水利厅	苗育林、寇洪成、胡俊明、李文体、范如华、朱邦贵、刘素贤、王守敏、郑瑞琦、刘军	河北省环境保护科学技术进步一等奖	1991 年
138	丙丁废水处理计算机监控系统	河北省冶金设计研究院、华北制药厂环保处	秦胜峰、翟中原、刘孟伟、徐国强、袁乾标、张燕杰、赵小海	河北省环境保护科学技术进步二等奖	1991 年
139	《保定市环境保护志》	保定市环境保护局	门漱石、邵仁侠、季风芝	河北省环境保护科学技术进步三等奖	1991 年
140	邯郸市郊污水灌溉污染变化规律的研究	邯郸地区环境科学学会、邯郸市环境科学学会	王秀英、王冰、高翔霞	河北省环境保护科学技术进步三等奖	1991 年
141	衡水市水质水量调控研究	衡水地区环境保护监测站、河北省科学院地理研究所	孟宪中、王书秀、米同清、甄贤、张琦	河北省环境保护科学技术进步三等奖	1991 年

序号	项目名称	完成单位	完成者姓名	获奖等级	获奖时间
142	排污引清改善滏阳河衡水段生态环境研究	衡水地区环境保护学会、衡水地区水利学会	孟宪中、甄贤、刘家祺、仉立思	河北省环境保护科学技术进步三等奖	1991 年
143	牛尾河及其沿岸浅层地下水现状评价	邢台市环境保护监测站	丁振华、聂文峰、贾焕民、高志广、李惠	河北省环境保护科学技术进步四等奖	1991 年
144	纤维填料厌氧滤池处理维生素 C 废水中试研究	河北轻化工学院、石家庄第一制药厂	罗人明、黄群贤、杨景亮、邹学灿、王淑敏	河北省环境保护科学技术进步二等奖	1992 年
145	邯郸市环保补助资金使用效益调查分析	邯郸市环保局	赵英武、魏庆祥、闫风英、李丽梅、王振海	河北省环境保护科学技术进步四等奖	1992 年
146	河北省环境监测数据处理系统	邯郸地区环境监测站	贾进川、霍海燕、陈进民、司九宾	河北省环境保护科学技术进步四等奖	1992 年
147	化工区地下水污染预测与防治研究	邯郸市环境监测站	李亚、张振珠、苗喜志、高翔霞、王晓利	河北省环境保护科学技术进步四等奖	1992 年
148	保定市污水悬浮物沉降规律研究	保定市环境保护监测站	邵仕侠、王忠群	—	1992 年
149	城市道路交通噪声控制研究	河北省环保所	赵仁兴等	国家科技进步三等奖	1992 年
150	地下六价铬污染治理方法研究	河北省地质环境监测总站、唐山监测站、唐山市环境监测中心站	陆贺田、闫立荣、王庆章、徐建华、李书文	河北省环境保护科学技术进步一等奖	1993 年
151	机械燃煤隧道窑	河北环保节能设备厂	张新田、王景甫、孙振甫、史金水、乔延峰、郭铁民	河北省环境保护科学技术进步一等奖	1993 年
152	秦皇岛市水污染物总量控制研究	秦皇岛市环保局	李素琴、李见明、劳期园、洪光、金夏春、李立勇、任隆汇	河北省环境保护科学技术进步二等奖	1993 年

序号	项目名称	完成单位	完成者姓名	获奖等级	获奖时间
153	全纤炉衬无侧燃烧室可锻铸铁退火炉	铁道部山海关桥梁工厂	朱顺采、王宏正、周德芳、马云华、郑希军、何志刚、俞晓非	河北省环境保护科学技术进步二等奖	1993 年
154	滏阳河邯郸段水环境综合整治规划及其邯郸市水排污许可证制度研究	邯郸市环保局	苗荣庆、王小莉、孟申堂、张锐敏、魏高炬	河北省环境保护科学技术进步二等奖	1993 年
155	亚硫酸铵造纸废水利用研究——灌溉水稻和芦苇利用研究	唐海农业科学研究所、唐海县环境监测站	吴锦章、徐念荷、王景德、赵春民、田俊生、范迎平	河北省环境保护科学技术进步三等奖	1993 年
156	XSM 型脱硫除尘器	河北环保节能设备厂	孙新田、袁冬山、孙振甫、李铁山、殷世林	河北省环境保护科学技术进步三等奖	1993 年
157	邯郸市《城市区域环境噪声标准》适用区域划分研究	邯郸市环保局	吴业成、李梦虎、王庆彬	河北省环境保护科学技术进步三等奖	1993 年
158	铁屑内电解法处理综合性电镀废水技术推广	北方设计研究院	靳建永、温忠宝、赵联巧、陈思远、李德喜	河北省环境保护科技进步一等奖	1994 年
159	保定市水污染源控制方案研究	保定市环保局	门漱石、王路光、赵晋民、王彩路、张涛	河北省环境保护科技进步二等奖	1994 年
160	利用硫酸废渣制备脱硫剂的研究——SW 型脱硫剂的制备	河北轻化工学院	郭斌、秦树海、杨景亮、任爱玲、高建明、陈诗诚、谭文须	河北省环境保护科技进步二等奖	1994 年

序号	项目名称	完成单位	完成者姓名	获奖等级	获奖时间
161	LXC4 型高效消烟除尘常压热水炉	唐山市环保设备总厂	任志国、庞金辉、杨振宇、董润田、高翠香、李素珍、艾智	河北省环境保护科技进步二等奖	1994 年
162	脱色混凝剂(CAMS、CAFM)的研制	河北省环保所	陈文彬、邢书彬、陈迎春、郭晓红、刘先芳	河北省环境保护科技进步二等奖	1994 年
163	邯郸地区地面水功能区划分及综合整治规划实施方案研究	邯郸市环保局、农电水利局	王冰、粟章风、曹申平、崔兰英、李同福	河北省环境保护科技进步二等奖	1994 年
164	保定市水流径区域土质对污水的防渗性能及截污能力的研究	保定市环境检测站	王忠辉、邵仕侠、崔晓波、门漱石	河北省环境保护科技进步二等奖	1994 年
165	硫化物监测新方法《硫氰酸盐分光光度法测定水和废水中硫化物》	唐山市环境监测站	闫立荣、张晓敏、于桂苓	河北省环境保护科技进步二等奖	1994 年
166	2YP-13 型阻性消声器	唐山市路南区吉祥路噪声控制设备厂	刘云柯、庞金辉、杨振宇、艾智、李素珍、高翠香	河北省环境保护科技进步二等奖	1994 年
167	保定市城市污水自然净化组合技术试验研究	保定市环境监测站	邵仕侠、门漱石、赵芳、张跃军	河北省环境保护科技进步二等奖	1994 年
168	秦皇岛市大气监测环境优化布点研究	秦皇岛市环境监测站	杨俊、孙保和、赵占群、李海英、顾志斌	河北省环境保护科技进步三等奖	1994 年

序号	项目名称	完成单位	完成者姓名	获奖等级	获奖时间
169	邢台市地表水环境功能区划分及综合整治规划研究	邢台市环保局	高志广、郭丙华、杨学俊、齐有主、丁振华、李斌	河北省环境保护科技进步三等奖	1994 年
170	邢台市《城市区域环境噪声标准》适用区域划分研究	邢台市环保局	焦璞、侯涛、郜乃君、李获胜、高志广	河北省环境保护科技进步四等奖	1994 年
171	大气稳定层结和混合层高度确定新方法研究	河北轻化工学院	程水源、张宇宁、郑自保、郝瑞霞、韩同义	国家环保局科技进步三等奖	1995 年
172	中小城市环境规划规范化方法研究	中国环境管理干部学院	—	国家环保局科技进步三等奖	1995 年
173	唐山市地下水保护功能区划分研究	唐山市环保研究所	张风岗、李力争、王翠英、陈国辅、孙晓青	河北省环境保护科技进步一等奖	1995 年
174	水生植物培养驯化及其对污染物的去除试验	保定市环境监测站	褚文杰、陈俊玲、贾风芝、谢平、蔡连超	河北省环境保护科技进步一等奖	1995 年
175	上流式厌氧污泥床过滤器 ER 法处理 VC 废水新技术	石家庄市第一制药厂、河北轻化工学院	吴志强、黄群贤、王淑敏、李水芬、王获	河北省环境保护科技进步二等奖	1995 年
176	污灌对农田生态环境的影响研究	保定市环境监测站	褚文杰、王爱军、催殿英	河北省环境保护科技进步二等奖	1995 年
177	农业生态建设与系统优化的试点研究	东光县环境监测站、北京农业大学、东光县科委	韩纯儒、孙海波、王希珍、赵恩明	河北省环境保护科技进步二等奖	1995 年
178	唐山沿海开放区经济发展与生态环境保护研究	唐山市环保局	鲁连胜、李金娜、张锐敏、霍桂荣、张晓琳	河北省环境保护科技进步二等奖	1995 年

序号	项目名称	完成单位	完成者姓名	获奖等级	获奖时间
179	印染废水处理及回用研究	河北建筑工程学院	魏文圃、张志刚、刘俊良、路占才、高永	河北省环境保护科技进步二等奖	1995 年
180	组装式型煤供热炉	肃宁县型煤炉具研究所	王文通、王国恒、王为民、张西瑞、张巨波	河北省环境保护科技进步二等奖	1995 年
181	高效、节能酸雾净化系统	河北钢丝绳厂	吴宝旭、刘淑贞、王忠秋、吕士清、王世维、张焕经、赵希忠	河北省环境保护科技进步二等奖	1995 年
182	白洋淀大型水生植物资源调查及对富营养化的影响	保定市环境检测站	赵芳、门漱石、王忠辉、崔秀丽、张淑芹	河北省环境保护科技进步二等奖	1995 年
183	气箱式脉冲袋除尘器的应用研究	河北太行集团公司、邯郸市环保局	李友和、王杏军、周广利、赵保谦、李佩林、刘树本、张志敏	河北省环境保护科技进步二等奖	1995 年
184	河北省乡镇工业污染源调查评价和污染防治对策研究	河北省环保局、河北省环保所	张锡民、张良房、刘体明、赵联巧、曹翠芹、李建增	河北省环境保护科技进步二等奖	1995 年
185	石家庄市生态环境整治与保护研究	石家庄市环保局、河北省地理所等	贾建和、刘祥炎、张宗伦、裴青、赵英魁、郑小宁、钱金平	河北省环境保护科技进步二等奖	1995 年
186	白洋淀水体富营养化污染源调查与研究	保定市环保研究所	崔秀丽、王忠辉、赵芳、门漱石、张涛	河北省环境保护科技进步二等奖	1995 年
187	白洋淀底质现状及对水体富营养化的影响	保定市环保所	张国峰、于世繁、董志民、孟庆茹、王杏芬	河北省环境保护科技进步三等奖	1995 年

序号	项目名称	完成单位	完成者姓名	获奖等级	获奖时间
188	白洋淀浮游生物和底栖动物调查及营养现状评价	保定市环保所	邵仕侠、刘淑芳、李文彦、门漱石、文丽清	河北省环境保护科技进步三等奖	1995 年
189	白洋淀水体富营养化状况及防治措施的调查与研究	保定市环保所	王彩路、刁淑荣、张跃军、孟庆茹、杜永晖	河北省环境保护科技进步三等奖	1995 年
190	保定市污水处理系统净化效果考察研究	保定市环境监测站	褚文杰、徐东强、杨宝林、孔忠华、李兰英	河北省环境保护科技进步三等奖	1995 年
191	张家口市地表水环境功能区划分与水污染物排放许可证制度研究	张家口市环保局、中国环境科学研究院、标准所	冯元报、穆建国、贾际林、曹俊杰、王亚丹	河北省环境保护科技进步四等奖	1995 年
192	白洋淀富营养化程度与水中溶解氧关系的试验研究	保定市环保所	邵仕侠、宋宝祥、卢玉明、李军、崔宁	河北省环境保护科技进步四等奖	1995 年
193	张家口市地面水环境监测点位认证研究	张家口市环境检测站	徐正清、徐瑞华、岳有来、杨熙、马小林	河北省环境保护科技进步四等奖	1995 年
194	石家庄市东北重点工业区污染总量控制研究	石家庄市学会、河北省环保所、北方设计院、轻化工院、河北省地理所	郝鸿钧、赵仁兴、史立皂、崔景田、靳建永	—	1995 年
195	河北省环境保护与社会经济协调发展对策研究	河北省环境保护局、河北省科学技术委员会	黄忻、冯建军、胡俊明、赵文伟、石聪敏、李继业、柴羊城、王阿丽	河北省环境保护科技进步一等奖	1996 年
196	石家庄市东北重点工业区污染物总量控制研究	石家庄市环境科学学会、河北省环境保护研究所、北方设计院、河北轻化工学院、河北省科学院地理研究所	郝鸿钧、赵仁兴、史立皂、崔景田、靳建永、薛连成、罗人明、薛兆瑞	河北省环境保护科技进步一等奖	1996 年

序号	项目名称	完成单位	完成者姓名	获奖等级	获奖时间
197	大孔吸附树脂的制备及其在含酚废水处理方面的应用研究	河北省环境保护研究所、河北省新河县化工厂	赵仁兴、杜静、阎西銮、高存义、郑治在	河北省环境保护科技进步一等奖	1996年
198	保定市城市污水净化组合技术及经济效益分析	保定市环境保护局	门漱石、褚文杰、王路光、赵晋民、邵仕侠、催殿英	河北省环境保护科技进步一等奖	1996年
199	A-P值宏观控制及《锅炉管理信息数据库》	邢台市环境保护局	詹金秋、贾焕敏、杨开军、李彦华、齐有主、董玉德、王高长	河北省环境保护科技进步二等奖	1996年
200	唐山市城市环境综合整治规划研究	唐山市环境保护研究所、唐山市环境监测中心站	张凤岗、李力争、常锦会、周艳茹、李国英、潘贵仁	河北省环境保护科技进步二等奖	1996年
201	中温上流式厌氧污泥床（UASB）反应器综合技术	河北轻化工学院	杨景亮、何绵恺、刘三学、刘翠英、郑自保、罗人明、石宝林	河北省环境保护科技进步二等奖	1996年
202	污染水中水合肼的紫外分光广度测定法	唐山市环境保护局	鲁连胜、张晓琳、张秀英、霍桂荣、李金娜、张锐敏	河北省环境保护科技进步三等奖	1996年
203	水和废水中酚类的荧光分光光度法测定	河北省环境监测中心站	李凤林、刘德福、王志恒、易林	河北省环境保护科技进步三等奖	1996年
204	河北省环境保护与社会经济协调发展对策研究	河北省环境监测中心站	张丰	—	1996年

序号	项目名称	完成单位	完成者姓名	获奖等级	获奖时间
205	汽车定置噪声限值	河北省环保所	—	—	1996 年
206	石家庄市区大气污染（TSP、SO_2）来源及结构的分析研究	北方设计研究院、石家庄市环境监测中心	赵来旺、温桂琴、靳建永、陈广军、孙志强、乔文丽、赵东宇	河北省环境保护科技进步一等奖	1997 年
207	征收排污费法规解释与实施	邯郸市环保局	张志敏、张锐敏、李文成、高翔霞、李梦虎	河北省环境保护科技进步一等奖	1997 年
208	石家庄市电磁辐射污染调查及公布规律研究	石家庄市环境监测中心	杜献平、杨鹤珍、张桂杰、康建军、高育哲	河北省环境保护科技进步二等奖	1997 年
209	石家庄市区大气污染物排放总量控制研究	石家庄市环境监测中心	郭士、乔文莉、宋建旺、高育哲、张香枝	河北省环境保护科技进步二等奖	1997 年
210	SHG 型脱硫干燥器研制及其应用研究	河北省环境保护研究所	马承愚	河北省环境保护科技进步二等奖	1997 年
211	LDS 型多管旋风除尘器研制	邢台市蓝青环境资源开发中心、邢台市桥西区环保局	高志广、秦彦民、王俊爽、杨学俊、贾焕敏、曲孟申	河北省环境保护科技进步二等奖	1997 年
212	唐山市跨世纪环境保护与社会经济协调发展对策研究	唐山市环境保护研究所	张风岗、陈国辅、孙晓青、潘贵仁、常锦会	河北省环境保护科技进步二等奖	1997 年
213	AHC 型高效节能新型磁化多用茶炉	河北省安平县冀安节能设备总厂	赵占等、张运杰、董星旺、任博文、张立永	河北省环境保护科技进步三等奖	1997 年
214	CLHS0.058-0.5-0185/60-Y 系列全自动燃油锅炉	邯郸市智能锅炉工程有限公司	张少谦、郭恩杰、王志军、吉普、喻彬	河北省环境保护科技进步三等奖	1997 年

序号	项目名称	完成单位	完成者姓名	获奖等级	获奖时间
215	固体废物安全填埋场选址技术研究	河北建筑科技学院、中国环境科学研究院固体所	—	河北省科技进步三等奖	1998 年
216	全自动纸浆模塑成型机及一次性纸浆质快餐具	河北保定三鑫纸浆模型有限公司	—	河北省科技进步三等奖	1998 年
217	石家庄市地表饮用水水源优先控制有机毒物的筛选及防治研究	石家庄市环境监测中心、河北省地理研究所	贾建和、裴青、刘夜月、李书砚、刘琢、史佩红、钟英英、马大明	河北省环境保护科技进步一等奖	1998 年
218	唐海县水稻绿色食品开发及生态环境保护研究	唐山市环保局、唐海县环保局、唐海县绿色食品办公室	鲁连胜、王景德、周玉霞、汪志革、常恩海、郑福华	河北省环境保护科技进步二等奖	1998 年
219	张家口市部分稻田污染受害原因及对策研究	张家口市环境保护局、中国科学院生态环境研究中心	王旭、穆建国、曹俊杰、冯建平、王亚丹	河北省环境保护科技进步二等奖	1998 年
220	综合利用铅粉尘致颜料的研究	河北科技大学	张焕桢、王振川、赵韵琪、李淑芳、王云清、刘新纪	河北省环境保护科技进步二等奖	1998 年
221	柠檬酸厂废物处理和综合利用研究	河北科技大学	黄群贤、胡志鲜、陈天培、任宏强、罗人明、杨景亮	河北省环境保护科技进步二等奖	1998 年
222	大气环境影响评价实用技术	河北省环保局	郭英起、段英	河北省环境保护科技进步二等奖	1998 年
223	利用钢渣研制HB-燃煤固硫净化剂	河北省环境保护研究所	马承愚、刘新民、邢国开、倪爽英、王文锦	河北省环境保护科技进步三等奖	1998 年

序号	项目名称	完成单位	完成者姓名	获奖等级	获奖时间
224	一种立式铸铁炉排反烧锅炉	河北省环境监测中心站	王晓利、邓静秋	实用新型专利	1998 年
225	一种小型燃煤锅炉用滤袋除尘器	河北省环境监测中心站	王晓利、邓静秋	实用新型专利	1998 年
226	超低硫可膨胀石墨	河北省农业大学、河北省环保所	宋克敏、陈明慈、胡文庆、敦惠娟、范振伟	—	1998 年
227	河北省地面水环境功能区划研究	河北省环境监测中心站	武桂桃、唐晓青、张丰	河北省科技进步三等奖	1999 年
228	维生素 B_{12} 废水处理的研究	华北制药集团有限公司	—	河北省科技进步三等奖	1999 年
229	废铬鞣液无压滤回收新工艺	河北科技大学、河北省环境监测中心站	—	河北省科技进步二等奖	1999 年
230	废旧建筑材料的再生和利用	石家庄市特种水泥设计研究院、石家庄市特种水泥厂	—	河北省科技进步三等奖	1999 年
231	石家庄市环境保护与可持续发展研究	石家庄市环境保护局	牛新国	河北省科技进步三等奖	1999 年
232	淀粉 VB_{12} 混合废水处理技术研究	华北制药集团康欣有限公司	—	国家环境保护总局（部级）科技进步三等奖	1999 年
233	淀粉、维生素 B_{12} 混合废水的处理研究（中试）	华北制药厂淀粉分厂	刘翠英、王德强、张华涛、刘锦、石宝林	国家环境保护总局三等奖	1999 年
234	油罐三次自动脱水技术的应用研究	中国石化沧州炼油厂	韩西海、陈英瑞	河北省局二等奖	1999 年
235	河北省灰尘自然沉降量环境标准研究	河北省环境监测中心站	石聪敏	河北省环保局三等奖	1999 年

序号	项目名称	完成单位	完成者姓名	获奖等级	获奖时间
236	河北省冀东北区冬牧70黑麦引种示范及生态效应研究	唐山市环境保护局丰润县农业开发办公室	鲁连胜	河北省环保局二等奖	1999年
237	东明渠污染物总量收费研究	石家庄市环境监理站	周同友、李海	河北省环保局二等奖	1999年
238	石家庄市海河流域水污染防治规划研究	石家庄市环境保护局	牛新国	河北省环保局二等奖	1999年
239	XH60型全自动烟尘测试仪	河北省环境监测中心站	王晓利	河北省科学技术进步三等奖	1999年
240	湿式锅炉烟气净化器	河北省环境监测中心站	王晓利	实用新型专利	1999年
241	河北省灰尘自然沉降量环境质量标准	河北省环境监测中心站	张丰、唐晓青	—	1999年
242	白洋淀环境科研回顾及污染控制对策研究	河北省环保所、河北省地理所	赵仁兴、马大明、冯建军、门漱石	—	1999年
243	CTS型脱硫除尘一体化设备的研制	河北省环保所、藁城市供水环保设备厂	马承愚、杨云升、郭晓红、邢书彬、孙立恒、倪爽英	—	1999年
244	制革工业区污染综合治理技术示范工程	河北齐盛皮革有限公司、河北科技大学	—	河北省科技进步三等奖	2000年
245	水泥粉尘高压静电收集	河北大学、中国环境科学研究院固体所	—	河北省科技进步三等奖	2000年
246	智能TSP（PM_{10}）恒流采样器	河北先河科技发展有限公司	王晓利	河北省科技进步三等奖	2000年
247	水质硼的测定等三项标准分析方法	农业部环境保护科研监测所、保定市环境保护监测站	王德荣、李玉洁、王山、齐丽艳、解会欣、李艳丽、张泽、门漱石	国家环境保护科学技术研究成果奖	2000年

序号	项目名称	完成单位	完成者姓名	获奖等级	获奖时间
248	秦皇岛海域水污染物排放总量控制研究	秦皇岛市环境保护监测站	孙保和、刘明华、杨俊、何振辉	国家环境保护科学技术研究成果奖	2000 年
249	固体废物中重金属对土壤及地下水污染的研究	河北科技大学	郭斌、任爱玲、王峰、王晓辉、刘三学、周保华、吴根	国家环境保护科学技术研究成果奖	2000 年
250	工业窑（锅）炉消烟除尘脱硫装置的研究	河北科技大学	任爱玲、郭斌、罗人明、周保华、韦玉堂、胡志鲜、吴根	国家环境保护科学技术研究成果奖	2000 年
251	CTS 型脱硫除尘一体化设备的研制	河北省环境科学研究院、藁城市供水环保设备厂	马承愚、杨云升、郭晓红、邢书彬、孙立恒、倪爽英	国家环境保护科学技术研究成果奖	2000 年
252	ZTC 型系列脱硫除尘器	河北省枣强县华夏脱硫除尘器厂	张惠峰、桂庆斌、王庆林、邸义明	国家环境保护科学技术研究成果奖	2000 年
253	锅炉烟气脱硫除尘器	兴隆矿务局锅炉水暖安装工程	刘柱、张福泉	国家环境保护科学技术研究成果奖	2000 年
254	甲壳资源的开发与利用——壳聚糖类净水剂的制备	河北科技大学	罗人明、吴根、容彦华、罗晓、陈向民	国家环境保护科学技术研究成果奖	2000 年
255	工业锅炉综合节能技术	张家口市节能技术服务中心	—	河北省科技进步三等奖	2001 年
256	超低硫可膨胀石墨	河北农业大学、河北省环境科学研究院	胡文庆	河北省技术发明二等奖	2001 年
257	城市空气质量连续自动监测系统	国家环境计量检测技术中心	—	河北省科技进步三等奖	2001 年
258	工业窑（锅）炉消烟除尘脱硫装置的研究	河北科技大学	—	河北省科技进步三等奖	2001 年

序号	项目名称	完成单位	完成者姓名	获奖等级	获奖时间
259	河北省南水北调中线供水区城市污水治理规划研究	河北省环境监测中心站	—	—	2001年
260	秦皇岛市水环境管理可视化系统研究	秦皇岛市环保研究所	—	—	2001年
261	立式燃煤锅炉无烟节能技术	石家庄市景鑫环保技术服务有限公司	—	—	2001年
262	利用钢渣生产HB－燃煤固硫净化剂的研究	河北省环保所、衡水市环保设备厂	马承愚、刘新民、邢国生、倪爽英、王文锦、杨在民、姚巷中、杨云升	—	2001年
263	石家庄市大气颗粒物来源解析及污染防治对策研究	石家庄市环境保护研究所、南开大学环境科学与工程学院、石家庄市环境监测中心	—	河北省科技进步三等奖	2002年
264	秦皇岛海域水污染物排放总量控制研究	秦皇岛市环境保护监测站	—	河北省科技进步三等奖	2002年
265	中温上流式厌氧污泥床（UASB）反应器综合技术处理高浓度有机废水	河北科技大学、华北制药集团有限责任公司	—	河北省科技进步三等奖	2002年
266	空气污染测试仪器的研究开发	国家环境计量检测技术中心、河北先河科技发展有限公司	—	河北省科技进步三等奖	2002年
267	河北省一氧化碳综合排放标准研究	河北省环境监理站	—	—	2002年

序号	项目名称	完成单位	完成者姓名	获奖等级	获奖时间
268	HP-LA 型工业窖炉高压静电消烟除尘装置	河北大学	—	—	2002 年
269	合成氨工业废稀氨水全回收示范工程研究	河北省环境保护机关服务中心、河北科技大学	—	—	2002 年
270	中水回用新技术研究及设备研究	河北省环境科学研究	—	—	2002 年
271	高效内循环厌氧反应器的研制及应用研究	河北科技大学	—	—	2002 年
272	固体废物中重金属对土壤及地下水污染的验证	河北科技大学	—	—	2002 年
273	河北省南水北调中线供水区城市污水治理规划研究	河北省环境监测中心站	武桂桃、王淑娟、李凤林、冯站洪、张磊	—	2002 年
274	LYJ 型厨房油烟净化器研制	河北省环科院、河北先河科技发展有限公司	王路光、马承愚、孙京敏、范朝、孙文毅、倪小茗、吴荣霞、穆莹、王蓓、田在峰	—	2002 年
275	园区网络建设与环境信息综合应用系统开发研究	河北省环境信息中心	胡俊明、杜凡远、李石头、武世民、靳秀英、王晓民、曹利荣、韩纯亮、王燕、谷岩	—	2003 年
276	河北省污染源在线计算机监控网络系统	河北省环境监测中心站	王晓利、张丰、李淑秀、范潮英、李若玲、张玮	河北省科技进步三等奖	2003 年

序号	项目名称	完成单位	完成者姓名	获奖等级	获奖时间
277	合成氨工业废水稀氨水全回收示范工程研究	河北省环保开发总公司	—	河北省科技进步三等奖	2003年
278	高含硫沼气脱硫技术研究	华北制药康欣有限公司	—	原国家环境保护总局（部级）科技进步三等奖	2003年
279	唐山市大气环境中苯并[a]芘污染现状及源识别研究	唐山市环保研究所	—	原国家环境保护总局（部级）科技进步三等奖	2003年
280	湿式脱硫锅炉烟气净化器	河北省环境监测中心	王晓利、杨常青	—	2003年
281	超临界水氧化法处理高浓度有机废水研究	河北省环科院、石家庄开发区奇力科技有限公司	王路光、马承愚、彭英利、孙京敏、王靖飞、郑晋禄、穆莹、戴玉彬、杨建军、任刚	—	2003年
282	中水回用新技术研究及设备研制	河北省环科院	王路光、孙京敏、王靖飞、田在峰、马子川、任刚、田文凯、张惠娟、穆莹	—	2003年
283	固体废物资源化管理体系与交换处置运行机制研究	河北省环科院	王路光、胡晓波、万宝春、赵海生、王俊英、曹培峰、韩学琴、郑晓军、马跃涛	—	2003年
284	河北省水环境对“十五”计划支持能力研究	河北省环科院	王路光、张民建、郝明亮、赵文英、武兰顺、宋志杰、孙玉艳、薛忆萍、李文体、李志勇	—	2003年

序号	项目名称	完成单位	完成者姓名	获奖等级	获奖时间
285	平原水库饮用水生物净化水质研究	沧州市水利科学研究所、河北工程技术高等专科学校、沧州市大浪淀水库管理处、沧州市渔业科学研究所	赵卫国、李少华、李兰贵、左桂林、胡荣花、牛建辉、孙炳华	河北省科技进步二等奖	2003 年
286	井灌类型区农业高效用水模式与产业化示范	河北省水利科学研究院、中国水利水电科学研究院、中国科学院、石家庄农业现代化研究所	徐振辞、高占义、王玉坤、刘群昌、刘文朝、贾新台、赵勇	河北省科技进步二等奖	2003 年
287	河北省土壤养分时空变异与优化管理信息系统	河北省农林科学院农业资源环境研究所	邢竹、贾文竹、郭建华、王贵政、韩宝文	河北省科技进步三等奖	2003 年
288	利用畜禽废弃物生产高效肥料的技术研究及推广	河北省农林科学院农业资源环境研究所、河北省农林科学院遗传生理研究所	岳增良、王占武、杨军芳、李晓芝、杜金忠	河北省科技进步三等奖	2003 年
289	土霉素纯化新工艺	华曙制药集团石家庄华曙中康药业有限公司	周东力、郝运杰、刘学河、何建毅、许晓声	河北省科技进步三等奖	2003 年
290	供水系统节能优化软件	河北省自动化技术开发公司	姚福来、张艳芳、姚泊生、张艳彬、武墨忠	河北省科技进步三等奖	2003 年
291	DZLW 链条炉排无烟燃烧锅炉	河北保定太行集团有限责任公司	魏德义、孙键、肖成、唐立新、崔焕鲜	河北省科技进步三等奖	2003 年
292	污水在线自动监测仪的研制与监测系统开发	国家环境计量检测技术中心、河北先河科技发展有限公司	张香计、苏清柱、张兆新、李玉国、范朝	河北省科技进步三等奖	2003 年
293	楼宇供水净化系统	石家庄铁道学院	高蒙、王硕禾、张福生、杨庆芬、亢海伟	河北省科技进步三等奖	2003 年

序号	项目名称	完成单位	完成者姓名	获奖等级	获奖时间
294	邯郸市防汛抗旱调度管理信息系统	河北工程技术高等专科学校、邯郸市防汛抗旱指挥部办公室	缴锡云、周赤、岳国英、闫现通、崔振才	河北省科技进步三等奖	2003 年
295	焦化剩余氨水蒸馏工艺开发与应用	唐山钢铁集团有限责任公司	徐贺明、贾默伊、褚和、王海英、赵新利	河北省科技进步三等奖	2003 年
296	保水颗粒菌种应用研究与开发	河北省微生物研究所	冀宏、魏亚新、陈文杰、李春辉、霍红	河北省科技进步三等奖	2003 年
297	宣钢 80 吨转炉工程技术创新	宣化钢铁集团有限责任公司	乔贵祥、王家侃、张海、张贵银、张耀平	河北省科技进步三等奖	2003 年
298	全粉煤灰烧结砖	衡水国新建筑材料有限公司	李国平、韦保行、齐玉水、侯文方、董如田	河北省科技进步三等奖	2003 年
299	新型水泥改性剂研究	唐山北极熊特种水泥有限责任公司	陈智丰、张振秋、赵林、王顺、朱宝元	河北省科技进步三等奖	2003 年
300	旋流式顶燃热风炉技术开发	承德新新钒钛股份有限公司	周春林、张伟、白延明、高峰、张振锋	河北省科技进步三等奖	2003 年
301	新型高效热风炉	新兴铸管股份有限公	范英俊、李宝赞、赵和平、郭士进、朱利斌	河北省科技进步三等奖	2003 年
302	煤气综合利用	邢台钢铁股份有限公司	张永藏、张玉军、于长秋、李俊、段素芝	河北省科技进步三等奖	2003 年
303	石化企业水资源优化配置及节水减污技术研究	河北科技大学	张焕祯、齐洪祥、王振川、赵跃、李淑芳	河北省科技进步三等奖	2003 年
304	河北省北部地区水土资源可持续高效利用技术研究	河北省水利工程局	王学广、谢子书、马为民、高玉华、刘治峰	河北省科技进步三等奖	2003 年

序号	项目名称	完成单位	完成者姓名	获奖等级	获奖时间
305	沧州市城市污水资源化规划及其实施策略研究	河北建筑工程学院、沧州市市政工程公司	刘俊良、吴英彪、王占东、马毅妹、臧景红	河北省科技进步三等奖	2003年
306	石家庄市水资源保护涵养研究与示范	河北省水利科学研究院、石家庄市水利局	齐卫芳、王志华、苗慧英、李素丽、盖瑞杰	河北省科技进步三等奖	2003年
307	首都圈防震减灾示范区系统工程河北省分项目	河北省地震局	曹志成、王永杰、杜锡武、蒋春花、孙佩卿	河北省科技进步三等奖	2003年
308	合成氨工业废稀氨水全回收示范工程研究	河北省环境保护开发总公司	轩少伟、冯素敏、张长秋、刘金成、赵志林	河北省科技进步三等奖	2003年
309	河北省旱涝监测预测及减灾对策研究	河北省气象台、河北省气候中心、河北省气象科学研究所	臧建升、池俊成、林艳、刘学锋、胡欣	河北省科技进步三等奖	2003年
310	污灌在农业生态系统中良性运行模式的研究	河北省环境监测中心站	—	河北省科学技术进步三等奖	2004年
311	LYJ-型厨房油烟净化器研制	河北省环境科学研究院	—	—	2004年
312	工业窑（锅）炉消烟除尘脱硫装置推广	河北科技大学	郭斌、任爱玲、周保华、赵文霞、范 静、王振川、徐柏辉	河北省科学技术进步二等奖	2004年
313	反应精馏在醋酸甲酯水解工艺中的应用研究	河北科技大学、石家庄化工化纤有限公司	郑学明、尚会建、赵宝山、韩玉强、王二全、杨连兵、孙立民、张永正、袁中凯、张文进	河北省科学技术进步一等奖	2004年

序号	项目名称	完成单位	完成者姓名	获奖等级	获奖时间
314	中水回用新技术研究及设备研制	河北省环境科学研究院	王路光、孙京敏、王靖飞、田在峰、马子川、任钢、田文凯、张惠娟、穆莹	河北省科学技术进步三等奖	2004 年
315	生产工艺过程气体污染物排放收费标准及其方法研究	河北省环境保护局	—	河北省科学技术进步三等奖	2004 年
316	高活性厌氧颗粒污泥工业化生产技术	华北制药康欣有限公司、河北科技大学	刘翠英、俞志敏、杨景亮、何绵恺、罗人明	原国家环保总局环境保护科学技术三等奖	2004 年
317	石家庄市 PM_{10}、$PM_{2.5}$ 污染途径防治办法及相关政策研究	河北省环境监测中心站	魏君	国家环保总局科技进步奖	2004 年
318	河北省省会地表饮用水水源微污染及富营养化机理研究	河北省环境科学研究院、石家庄市监测站	王路光、杜静、邢书彬、孙志强、倪爽英、李丹、刘夜月、刘洁、李艳华、高原、丁学英、刘芳、赵贵书	河北省科学技术进步三等奖	2004 年
319	河北省省会饮用水水源微污染及富营养化机理研究	河北省环境科学研究院	王路光、杜静、邢书彬、孙志强、倪爽英、李丹、刘夜月、刘洁、李艳华、高原、丁学英、赵贵书	河北省科学技术进步三等奖	2004 年
320	生化需氧量（BOD）在线自动监测仪	国家环境计量检测技术中心、河北科技大学、河北先河科技发展有限公司	范朝、王晓辉、史佩红、孙宝和、崔建升	河北省科学技术进步三等奖	2004 年

序号	项目名称	完成单位	完成者姓名	获奖等级	获奖时间
321	TL（R）型脱硫泵	石家庄泵业集团有限责任公司	禧民、任晓炎、谷建伟、张莉茵、吕元付	河北省科学技术进步三等奖	2004年
322	石家庄市环境空气质量保障与调控技术体系研究	石家庄市环境监测中心、南开大学	孙志强、白志鹏、李冬、朱坦、洪刚	河北省科学技术进步三等奖	2004年
323	动态分质水资源评价方法研究及其在河北省的应用	河北省水文水资源勘测局	刘克岩、徐斌、米玉华、时晓飞、王海宁	河北省科学技术进步三等奖	2004年
324	生物强化滤池处理微污染源水的研究	河北工程学院、邯郸市自来水公司	李思敏、时真男、张玉林、徐志霞、张 胜	河北省科学技术进步三等奖	2004年
325	厌氧处理VC废水回流技术应用推广	河北科技大学、维生药业（石家庄）有限公司	黄群贤、刘凤燕、黄延、王艳茹、张霞	河北省科学技术进步三等奖	2004年
326	黄壁庄副坝深厚强渗漏地基防渗技术研究	水利部河北水利水电勘测设计研究院、河北省黄壁庄水库除险加固工程建设局	秦焕、曹洪波、李恩鹤、崔洪敬、孙继江	河北省科学技术进步三等奖	2004年
327	河北省南水北调中线水价承受能力调查分析与预测	河北省水利科学研究院	聂建中、苗慧英、李素丽、赵树彤、王福田	河北省科学技术进步三等奖	2004年
328	海河流域河道险工加固治理技术应用研究	水利部河北水利水电勘测设计研究院	顾辉、韩乃义、吕满堂、谢子书、徐兴中	河北省科学技术进步三等奖	2004年
329	河北永定河上游水土保持重点治理技术研究	河北省水土保持工作总站、张家口市水土保持试验站、张家口市水务局水土保持工作站	马为民、王忠科、曲毅、耿荣海、张剑波	河北省科学技术进步三等奖	2004年

序号	项目名称	完成单位	完成者姓名	获奖等级	获奖时间
330	生产工艺过程气体污染物排放收费标准及其方法研究	原河北省环境保护局、邯郸市环境保护局	张志敏、赵保谦、孟宪忠、李若玲、周建萍	河北省科学技术进步三等奖	2004 年
331	冷却介质中重悬浮颗粒对控冷效果的作用机理研究与应用	河北理工学院、宣化钢铁集团有限责任公司	任吉堂、李贵阳、曹振武、杨占明、沈俊杰	河北省科学技术进步三等奖	2004 年
332	沙尘灾害天气监测预报技术研究	河北省气象局、国家气象中心、国家卫星气象中心	臧建升、尤凤春、刘学锋、李春强、胡欣	河北省科学技术进步三等奖	2004 年
333	小型密封管法测定水质化学需氧量研究	河北省环境监测中心站	—	原国家环保总局科技进步奖	2005 年
334	水解酸化—膜生物反应器工艺处理难降解抗生素废水工业化技术研究	河北省环境科学研究院、华药研究所、国家制药中心、省水环境实验室	孙京敏、王路光、任立人、田在峰、周崇辉、曾立星、吕建伟、韦会民等	河北省科学技术进步二等奖	2005 年
335	泊头市社会经济发展的水资源保障体系研究	—	郝明亮	河北省科学技术进步三等奖	2005 年
336	节水灌溉技术优化运用研究与推广	河北工程技术高等专科学校	李少华、路梅、刘广忠、缴锡云、周炳臣	河北省科学技术进步三等奖	2005 年
337	规模化养殖场废弃物减量化排放与资源化综合利用技术研究	唐山师范学院、唐山市丰润区天龙蚯蚓开发有限公司、唐山市畜牧水产局	李成会、贾久满、朱莲英、刘富礼、客绍英	河北省科学技术进步三等奖	2005 年

序号	项目名称	完成单位	完成者姓名	获奖等级	获奖时间
338	滦河口湿地自然生态再生性恢复研究	河北省地理科学研究所	孙立汉、张宁佳、杜丽娟、高士平、毛素华	河北省科学技术进步三等奖	2005年
339	沧州市水环境可持续发展实施技术研究	沧州市排水总公司、河北建筑工程学院、沧州市供水总公司	张自力、刘俊良、何志军、赵庆建、郭治	河北省科学技术进步三等奖	2005年
340	白洋淀湿地生态补水与水资源配置系统研究	河北省水利水电第二勘测设计研究院、水利部海河水利委员会	李彦东、闫广聚、田友、刘春光、马文奎	河北省科学技术进步三等奖	2005年
341	滹沱河(石家庄段)生态环境综合治理研究	石家庄市规划设计院、河北科技大学、石家庄市环境监测中心	刘英彩、刘秉良、贾建和、张力、张灵芝	河北省科学技术进步三等奖	2005年
342	HP-LA型工业窑炉高压静电消黑烟除尘装置	河北大学	刘志强、李庆、赵颖、郭晓红、杨风田	河北省科学技术进步三等奖	2005年
343	河北省永定河流域水污染控制技术体系研究	河北省水利科学研究院、张家口市水务局、张家口水文水资源勘测局	徐振辞、马香玲、陈伟、高巍、高淑琴	河北省科学技术进步三等奖	2005年
344	秦皇岛市生态环境遥感调查研究	秦皇岛市环境保护监测站、中国环境监测总站	刘明华、孙保和、董贵华、杨俊、何振辉	河北省科学技术进步三等奖	2005年
345	市政污泥填埋处置方法研究	保定市市政公用工程监理公司、天津大学	杨昌民、闫澍旺、刘润、曹永华、孙林柱	河北省科学技术进步三等奖	2005年
346	污灌区土壤重金属复合污染效应与净化机理	河北农业大学	刘树庆、杨志新、谢建治、刘霞、李博文、高如泰等	—	2006年
347	山区退耕地植被人工恢复与自然恢复的生态学比较研究	河北农业大学	袁玉欣、彭伟秀、路丙社、王颖、张玉珍、张芹	—	2006年

序号	项目名称	完成单位	完成者姓名	获奖等级	获奖时间
348	唐山市饮用水水体有机物污染及生物毒性研究	唐山市环境监测中心站	李太山、客绍英、刘文利、常锦会	—	2006年
349	南水北调受水区沧州市区水资源优化配置与生态环境综合治理的研究	河北省沧州水利学会	范振铎、刘俊龙、王长明、代文元、高六增	—	2006年
350	重大环境污染事故应急处理、处置技术研究	沧州市环境监测站	刘清恒、翟金双、韩中锋、陈晓东、吴伟	—	2006年
351	洋河流域阿特拉津残留对官厅水库恢复北京饮用水源的影响研究	张家口市环境监测站	岳有来、胡燕峰、崔永琴、任晋、李晓红	—	2006年
352	河北省水环境污染经济损失研究	河北省环境科学研究院	王路光、韩美清、万宝春、高练同、胡晓波、孙双跃、王伟	—	2006年
353	河北省社会可持续发展重点科技问题研究	河北省环境科学研究院	王路光、王靖飞、张民建、郝明亮、万宝春、宋志杰、韩美清、商钊敏	—	2006年
354	新型污水污泥絮凝剂的制备技术研究	河北工业大学	黎钢、杨芳、何彦刚、杨超	—	2007年
355	粉煤灰堆场快速高效绿化技术研究	河北省神农信息与生态工程研究所	田魁祥、李文锦、刘秉良等	—	2007年

序号	项目名称	完成单位	完成者姓名	获奖等级	获奖时间
356	循环冷却水污水回用技术及设备研究	河北省能源研究所	张利辉、杨维之等	—	2007年
357	白洋淀流域生态限制因子识别及可持续发展研究	河北省环境科学研究院	王路光、姬振海、王靖飞、李洪波、李红彦、吴亦红等	—	2007年
358	石家庄市重点行业循环经济技术示范研究——氨基乙酸清洁生产点控组合技术研究	石家庄市环境保护局裕华区分局	牛新国、靳伟、李刚、冯朝晖、丁敏杰、张二保等	—	2007年
359	水和废水中苯胺快速监测技术研究	保定市环境保护监测站	贾凤芝、谢平、文丽青	—	2007年
360	制革业清洁生产工艺和污水资源化技术研究	河北科技大学	黄群贤、庞会从、王振川、高太忠、冯素敏、葛帅帅	—	2007年
361	城市污水深度处理新工艺研究	河北科技大学	叶莉、李再兴、杨景亮、李贵霞等	—	2007年
362	复合MBR工艺处理生活污水技术研究	河北科技大学	李再兴、杨景亮、李雪梅、李伟等	—	2007年
363	白洋淀、衡水湖、大浪淀典型区生态建设研究	河北省地理科学研究所	张茹春、高士平、郭风华、栗志强、丁小燕、张伟等	—	2007年
364	衡水市大气环境容量核定研究	衡水市环境监测站	王澎涛、米同清、付藏书等	—	2007年

序号	项目名称	完成单位	完成者姓名	获奖等级	获奖时间
365	资源型城镇——沙河市生态环境现状评价与规划治理研究	邢台学院	张秀兰、杨印书、徐惠敏、赵彦红等	—	2007年
366	石家庄市雾霾天气污染特性及源解析研究	河北科技大学	任爱玲、赵文霞、郭斌、刘琢等	—	2007年
367	河北省制药行业危险废物毒性识别技术研究	河北省环境科学研究院	王路光、王靖飞、王亚芝、田在锋、赵琪、胡晓波等	—	2007年
368	环首都永定河、潮白河流域上游水环境修复发展战略研究	河北省水利水电勘测设计研究院	顾辉、张凤林、李全、谢子书等	—	2007年
369	河北省环境污染损失与绿色GDP应用研究	河北省环境监测中心站	赵兰魁、党瑞华、谷嵩、王晓利等	—	2007年
370	唐山市滦河陡河达标规划及市区水资源优化配置研究	唐山市环境监测中心站	李太山、常锦会、张翠萍、李茂静等	—	2007年
371	利用生态方法治理洋河水库污染水体示范研究	中国水利水电科学研究院	李文奇、陈伟、郝桂玲、周怀东、常佩丽、刘玲花等	—	2007年
372	河北省非饱和土地区降雨渗流作用下城市垃圾填埋场稳定研究	北华航天工业学院	刘晓立、王江、苏宝兵、曲淑萍、史书阁、高迎伏等	—	2007年
373	冀东油田污水处理综合技术及资源化研究	中国石油天然气集团有限公司冀东油田分公司	贺廷昭、李维贤、靳连胜、王保民、倪银、李瑞莲等	—	2007年

序号	项目名称	完成单位	完成者姓名	获奖等级	获奖时间
374	镁盐企业清洁生产新工艺研究	河北井陉钙镁研发中心	马永山、赵卫新、康和义、梁春雷	—	2007年
375	双膜法水处理工艺技术在冶金工业废水处理中的研究与应用	邯郸钢铁集团有限责任公司	孔平、王竹民、任志刚、李付俊、董金冀、陈小青等	—	2007年
376	好氧缺氧一体式生物流化床同步硝化反硝化脱氮试验研究	中国环境管理干部学院	高艳玲、马云、金文、周长丽、高洁、顾志斌	—	2007年
377	平山县湿地资源调查与保护研究	平山县科学技术局	康为兵、吴跃峰、郜风海、齐三云等	—	2007年
378	衡水湖湿地生态保护与环境功能研究	河北省衡水水文水资源勘测局	张彦增、尹俊岭、崔希东、熊洋等	—	2007年
379	石家庄重点行业循环经济技术研究——钙镁废渣综合利用技术示范研究	井陉县环境保护监测站	赵卫新、郎焕玲、苏吉海、王海莉、李向春、王顺海等	—	2007年
380	河北省城市化与城市生态安全	石家庄经济学院	吕科建、黄本春等	—	2007年
381	河北省湿地保护的现状与立法研究	河北政法职业学院	肖辉、王焕梅、刘振东、魏青等	—	2007年
382	河北省城市污水处理产业化模式体系及其实施策略	河北农业大学	刘俊良、牛彦平、李景会、赵广杰、李国庆、刘京红等	—	2007年

序号	项目名称	完成单位	完成者姓名	获奖等级	获奖时间
383	利用污水处理厂废弃物生产生态建筑材料	河北理工大学	李海英、孙贵石、张贵杰、李玉凤、吴庆成、刘克俭等	—	2007年
384	煤矸石资源的综合开发利用研究	河北理工大学	李海英、张贵杰、王海群、刘克俭、刘艳琴、付景红等	—	2007年
385	邢台市水域生态环境系统修复工程研究	朱庄水库管理处	刘春广、乔光建、周振雄、王振强、张登杰、吴爱群等	—	2007年
386	石家庄市机动车尾气污染及防治对策研究	河北科技大学	赵文霞、郭斌、任爱玲、马玲、吴国磊、周保华等	—	2007年
387	衡水市区环境污染经济损失估算与环保对策研究	衡水学院	卫立冬、魏秀稳、孙佩红、杜希宙、孙佩玲、李书珍等	—	2007年
388	城市大气可吸入颗粒物单颗粒的形态特征	河北师范大学	王赞红、张灵芝、李纪标、孙志强	—	2008年
389	石家庄市绿色GDP核算与绩效考核研究	石家庄市环境保护局	牛新国、李月彬、郭丽萍、唐小坤等	—	2008年
390	石家庄生态城市建设综合评价与对策研究	石家庄市科技信息研究所	赵淑芹、刘京会、姚培龙、齐国志	—	2008年
391	厌氧—悬浮填料生物接触氧化—化学沉淀法治理淀粉厂废水	廊坊师范学院	高永闯、王健为、王淑敏、吴智艳、李艳宾、任灵芝	—	2008年

序号	项目名称	完成单位	完成者姓名	获奖等级	获奖时间
392	唐山市采煤塌陷区生态修复关键技术研究及示范	唐山市生产力促进中心有限公司	高铁军、张锦瑞、董荣泉、李富平、陈秀梅、刘永久等	—	2008年
393	中华人民共和国环境保护行业标准《水质化学需氧量的测定快速消解分光光度法》	河北省环境监测中心站	赵兰魁、张春雷、徐远春、吕奎山、刘兰红、孙玉娟、魏君、崔丽	—	2008年
394	抗生素生产废水预处理技术研究	河北省环境科学研究院	王路光、王靖飞、田在锋、王亚卿等	—	2008年
395	工业发酵高浓度有机废水净化及资源化集成技术与示范	河北科技大学	杨景亮、刘翠英、李再兴、郭建博等	—	2008年
396	城市居民饮用水及水源水藻类污染的研究	河北大学	阚振荣、李彦芹、昌艳萍、赵春海等	—	2008年
397	南水北调中线（河北段）受水区域水环境预测评价研究	河北省水利水电第二勘测设计研究院	乔裕民、马述江、施炳利、张少才、赵立敏、徐海振等	—	2008年
398	自组装合成 TiO_2-M_xO_y 纳米复合介孔材料及其结构与性能	河北大学	丁士文、翟永清、祝梦林、李兰芬、王利勇、王静、丁宇	—	2008年
399	白洋淀流域资源可持续利用与环境污染综合治理示范研究——白洋淀淀区湿地资源利用与保护研究	河北农业大学	许月明、赵金龙、梁山、刘秀娟、董谦、刘宇鹏、胡建、杨香合、何玲	—	2008年

序号	项目名称	完成单位	完成者姓名	获奖等级	获奖时间
400	环京津地区土地风险事件的不确定信息处理及情形预测	河北师范大学	路紫、朱苏加、李智芳、亢海燕、张秋娈、丁疆辉等	—	2008 年
401	3S-EIS 技术下的秦皇岛地区生态安全评价综合研究	中国环境管理干部学院	田静毅、张德宽、石碧清、刘明华、何振辉、刘佳	—	2008 年
402	RS-GPS-GIS-MODELS 技术下的秦皇岛生态安全综合研究	中国环境管理干部学院	田静毅、耿世刚、石碧清、李克国、赵忠宝、王继斌	—	2008 年
403	白洋淀数字化管理预报系统研究	河北大学	马寨璞、井爱芹、刘强、赵建华、刘淑芳	—	2008 年
404	城市污泥好氧堆肥的研究	邢台职业技术学院	赵建国、程永高、张孟存、赵大豹等	—	2008 年
405	秦皇岛市水资源状况及可持续利用研究	河北农业大学	徐春霞、韩青动、李志伟、李志霞、林振景、郑辉、张艳平	—	2008 年
406	光散射式排烟粉尘浓度在线监测技术的研究	河北理工大学	赵延军、丁卫颖、孙洁、屈滨、史涛、薄敬东	—	2008 年
407	沧州市水环境综合修复技术及应用研究	沧州市水利科学研究所	胡荣花、李少华、李兰贵、赵卫国、庞炳义、刘俊龙等	—	2008 年
408	摩擦电法在线监测烟尘排放物浓度的研究	河北理工大学	陈至坤、赵延军、屈滨	—	2008 年

序号	项目名称	完成单位	完成者姓名	获奖等级	获奖时间
409	河北省排污权交易模式研究	河北省环境监测中心站	吕奎山、牛利民、刘兰红、马建勇、刘晓强、冯军会	—	2008年
410	河北省生态功能保护区研究	河北师范大学	彭林、沈绍岭等	—	2008年
411	曹妃甸区域海洋生态构建技术模式研究	唐山市曹妃甸工业区管理委员会	薛渤珣、曾昭春、朱越杰、罗胡英等	—	2008年
412	曹妃甸工业区建设对海岸海洋生态影响与预测研究	唐山市曹妃甸工业区管理委员会	薛渤珣、王颖、朱越杰、朱大奎、刘东弘、杨柳燕等	—	2008年
413	锅炉除尘脱硫废水回用技术及设备开发	河北建筑工程学院	南国英、师涌江、翁维素、贾跃然等	—	2008年
414	采用双极性膜综合处理化工制药高浓度废水	河北宏源化工有限公司	哈婧、桂胜光、周长杰、李凯、史会英	—	2008年
415	膜生物反应器（MBR）处理污水工艺中除磷的改进	邢台洁源水处理有限公司	赵大豹、沈永利、睢宏伟、刘君英、李林琼	—	2008年
416	城市固体废弃物再生利用于市政道路基层研究	沧州市市政工程公司	吴英彪、沈广松、张秀丽、郭艳芳、马安全、孙超等		2008年
417	冀东油田油井措施返排废液综合处理技术研究与应用	中国石油天然气股份有限公司冀东油田分公司	倪银、郭留敢、张强、李健、陈勇、耿来莹等	—	2008年

第四章　环境监测

环境监测是环保工作中一项十分重要的基础工作，是环境保护工作的耳目和哨兵。它既是各级政府环境管理的一个组成部分，又为全面的环境管理工作服务，有执法监督职能。河北省的环境监测工作是从 20 世纪 70 年代初开始的，担负着对全省 6 大水系、38 条河流、18 个淀库的地面水和 11 个城市的地下水、大气、噪声、放射性环境及近岸海域水质的监测任务，每年取得数据约 10 万个。

第一节　环境监测机构及体制

一、省级环境监测机构

河北省环境监测中心站建于 1977 年，系隶属于河北省环境保护厅。该中心是具有环境监督管理职能的社会公益性事业单位，国家环境监测一级站，是河北省环境监测的网络中心、技术中心、信息中心、培训中心和最高技术仲裁部门，是环境保护部海河流域监测网监测中心，主要职能是为环境决策与管理提供技术支持，为环境执法实施提供技术监督，为社会经济发展提供技术服务。

河北省环境监测中心站 1993 年 6 月通过国家级计量认证评审以后，经过 3 次复审、2 次扩项，目前已具备水、废水、环境空气和废气、噪声及振动、煤质、土壤、底质及固体废物、室内空气、室内装饰装修材料、机动车尾气等，9 大类 269 项监测能力。配备了应急水、气监测车各 1 台，配备了气象色谱仪、液相色谱仪、离子色谱仪、原子荧光仪等设备 400 余台（套），拥有固定资产 7000 余万元。

在全省重点流域建成了 31 个水质自动站，在各设区市、部分扩权县市建成了 88 个空气自动监测站，形成了以环境质量自动监控为龙头，涵盖省、市、县的主干网络，实现了全省环境质量数据的实时查询、动态管理和网上发布。

目前老、中、青监测专业技术人员的比例为 17%、46%、37%，研究生、本科生比例为 19%、81%，正高级工程师、高级工程师、工程师的比例为 13%、39%、48%。其中特殊专业技术人才 2 人，有突出贡献的中青年科学技术、管理专家 1 人。几年来共完成国家、地方环境研究课题 152 项，获得河北省科技进步二等奖 8 次，科技进步三等奖 21，发表学术论文 1000 余篇。2010 年获河北省首届环境监测技术大比武总成绩第 1 名，个人成绩第 1 名、第 3 名、第 5 名；2002 年、2007 年分别被国家环境保护总局授予“九五”期间全国环境保护系统先进监测站、“十五”期间全国环境保护系统先进监测站称号；2007 年度被原国家环保总局评为“十五”全国环境统计工作先进集体；2008 年度被环保部评为“北京奥运会环境质量保障工作先进集体”；2001 年获国家环保总局全国环保系统优秀环境质量报告书二等奖。

二、地市级环境监测机构

河北省地、市级的环境保护监测机构建立最早的是张家口市。1973 年成立张家口市环境保护研究所，1983 年改为张家口市环境保护监测站，定编 46 人。

1974 年建站的有唐山市，定编 50 人；保定地区建立环境保护研究所，1982 年改为环境监测站，编制 30 人。

1975 年建站的有承德市、保定市，编制均为 45 人。

1976 年建站的有邢台市，编制 18 人；廊坊市，编制 25 人；承德地区，编制 25 人；石家庄地区成立环境保护研究所，1980 年改为环境保护监测站，编制 30 人；张家口地区成立环境保护研究所，1983 年改为站；邢台地区，编制 30 人；邯郸市，编制 50 人。

1977 年建站的有邯郸地区，编制 24 人。

1978 年建站的有衡水地区，编制 30 人。

三、县级环境监测机构

截止到 1989 年，全省县区级环境保护监测站有 77 人。其中石家庄市 9 个、唐山市 8 个、秦皇岛市 3 个、邯郸市 2 个、邢台市 1 个、保定市 2 个、承德市 1 个、沧州市 2 个、邯郸地区 3 个、邢台地区 4 个、石家庄地区 12 个、保定地区 6 个、张家口地区 4 个、承德地区 4 个、沧州地区 5 个、衡水地区 11 个。

四、行业监测机构

随着环境保护工作的不断深入发展，河北省有关经济主管部门陆续建立了环境监测科研机构。

① 兵器工业部北方设计院（原机械电子工业部第六设计院）于 1976 年设立了环境保护研究所，编制 80 人。到 1988 年年底，该所共有工作人员 68 名，其中：高级工程师 15 名、工程师 21 名，工程技术人员占总人数的 90%。

② 河北省农业环境保护监测站于 1984 年年底建站，到 1988 年，共有工作人员 15 名，其中：高级农艺师 4 名、农艺师 3 名，助理农艺师 6 名，工程技术人员占总人数的 87%。

③ 华北油田管理局于 1984 年建立环境保护监测站，设在任丘采油一厂，编制 40 人。到 1988 年，共有工作人员 22 人，其中：工程师 1

名、助理工程师 1 名，技术员 1 名、其他工程技术人员 5 名，工程技术人员占总人数的 36.4%。

第二节 环境监测标准化及能力建设

1973 年 12 月 18 日至 27 日召开河北省第一次环境保护会议，在会议《纪要》中确定以卫生防疫站为基础负责有关环境监测任务。随着环境保护工作的发展，监测任务日益增加，监测站的基本建设也不断扩大和加强。

1977 年全省设有省级监测站一个（一级站），当时是省环境监测中心站和省环保研究所合一的单位。地区、市级监测站 18 个，县级站 81 个。职工总数 1281 人，工程技术人员占 80%以上。大部分地区、市级监测站设在当地环保局（环保办）内，作为环保局（办）的一个科室。县级监测站全部为局（办）、站统一机构。全省监测用房总面积 52771 平方米，其中省环境监测中心站 6085 平方米（含研究所）地区、市级监测站 30805 平方米，县级监测站 15881 平方米。

1990—1995 年期间监测机构作了一些调整。根据当时的国家环保局要求，河北省环境监测中心站与环保研究所分开，单独建站。另外，地区与市行政机构合并办公（撤区建市），使得地区和市监测站也合并，地市级环境监测站由 18 个减至 11 个（没有地区监测站了）。县级监测站调整为 70 个。1995 年年底职工总数 3666 人，是 1989 年的 2.86 倍。其中科技人员 1618 人，是 1990 年的 2.65 倍。全省监测用房总面积 108 445 平方米，是 1989 年的 2.05 倍。

到 2000 年时全省基本建成了环境监测网，网络成员单位共有 107 个，包括省环境监测中心站、11 个市级站和 95 个县级站（含县级市）。监测人员 1391 人，其中高级职称 108 人，中级职称 341 人，初级职称 418 人，监测人员持证上岗率达到 100%。针对有些县级站监测力量和设备比较薄弱，开展了河北省县级环境监测站建设达标验收工作，使整体监测技术水平有所提高。

1989 年年底全省共有监测仪器设备 2 096 台（套），总价值 1 035 万元。其中气相色谱、液相色谱、原子吸收分光光度计等 71 台，大部分为国产仪器，仪器性能落后。

到 1995 年年底全省有监测仪器设备 4 638 台（套），是 1989 年的 2.2 倍。总价值 2 636 万元。气相色谱、液相色谱、原子吸收分光光度计、等离子体发射光谱仪等 80 台（套）。仪器总体性能有了一定程度提高。

到 2000 年年底，全省监测站共有万元以上各类监测仪器 150 台（套），仪器原价值 3 006 万元，微机 71 台，监测车辆 78 辆。新增气相色谱、原子吸收分光光度计、气—质联机、液相色谱等 20 多台（套），价值 1 000 多万元。新增仪器大都是美国等国家较为先进、自动化程度高的仪器设备。

20 世纪 80 年代，监测工作处于起步阶段，环境监测开展项目较少。水监测项目主要是高锰酸盐指数、如生化需氧量（BOD_5）、溶解氧（DO）、pH、NH_3-N、硝酸盐氮、亚硝酸盐氮、砷、氰化物、六价铬、挥发酚、铅、汞、铜、镉共 15 项；大气监测项目开展总悬浮微粒、二氧化硫、氮氧化物；另外还有环境噪声。随着环保事业的快速发展，进入 21 世纪后，水的监测项目已扩展到 81 项，后开展的监测项目重点是毒性大的污染物，如苯并[*a*]芘、甲基汞、四乙基铅、阿特拉津等；大气监测项目由 3 项扩展到 46 项；对污染大气严重的煤质开展了硫分、水分、灰分、挥发分测定。对土壤和底质开展了有机磷、六六六、DDT、铜、锌、铅、镉、铬、镍、砷、汞、钒、锰、氟等项目测定。

在原有监测范围不断扩大的同时，根据需要又开展了一些新监测领域：室内环境监测、机动车尾气监测、应急监测以及大气自动监测、水质自动监测、污染源自动监测等自动监测系统。室内环境监测项目有甲醛、苯、甲苯、总挥发性有机物、菌落总数等 6 项。机动车尾气监测开展项目有一氧化碳、碳氢化合物、烟度值等 32 项。同时还开展了与人健康有关的室内装饰材料监测。

第三节　环境监测网络

环境监测工作是一项涉及许多部门、许多行业（工业、交通、农业、林业、水利、地质、卫生、轻纺、化工、冶金、气象等）、许多环境领域（大气、河流、湖泊、地下、土壤、人体、生物等）的工作，必须组织各行业协同工作才能完成。河北省自 1973 年开始与有关省市组成跨省、市的监测网络，并逐步建立健全省内区域科研监测协作网，以国家颁发的排放标准、环境质量标准和卫生标准为依据，不断进行污染源监测和区域环境监测，成为正确评价环境质量，制定防治措施不可缺少的组成部分。

一、监测网络

（一）官厅水系水源保护科研监测协作网

1973 年 4 月，由河北省、山西省、内蒙古自治区、北京市及官厅水系流域河北省管辖的有关地、市环境监测科研单位和大专院校共 30 多个单位组成协作网。河北省张家口地区环境监测站和张家口市环境监测站为该网成员，承担官厅上游的洋河、桑干河水质监测、污染源调查及科研实验任务。

（二）渤海污染调查监测协作组

1975 年年底，由辽宁省、河北省、山东省和天津市环保部门组成了“渤海污染调查监测协作组”。唐山市（原唐山地区）、秦皇岛市和沧州市（原沧州地区）监测站派人参加，对海洋生物、底泥及渤海沿岸陆源的污染进行了监测、调查，并编写了调查报告。

（三）渤、黄海环境监测协作网

1978年6月，由沿海的河北省、山东省、辽宁省、江苏省和天津市环保部门、大中型工矿企业和海洋台站组成协作网。秦皇岛市和原沧州地区环保监测站承担了渤海湾的河北辖区海岸15个监测站位的定期和应急监测任务。

（四）全国海洋监测网

1984年，国家环保局与国家海洋局组织了“全国海洋环境监测网”（简称“全海网”）。河北省环境监测中心站和秦皇岛、唐山、沧州地市环境监测站都成为成员单位。原渤海环境监测网转为“全海网”的一个分支。

（五）引滦济津水质监测协作网

1983年7月，由水电部海河水利委员会牵头，组织了“引滦济津水质监测协作网”，水电部、河北省、天津市的水利、环保等12个单位参加工作。河北省承德地、市环境监测站承担了滦河潘家口水库上游滦河及支流的水质监测和污染源监测工作。后来，唐山和原遵化县环保部门也参加了协作网，承担了有关流经该市、县河段和企业污染源的监测工作。

（六）全国降水酸度监测网

1984年，由中国环境监测总站牵头，组成“全国降水酸度监测网”，河北省张家口市、承德市、唐山市、秦皇岛市、保定市、石家庄市、邯郸市、沧州市的环境监测站参加国家一级网站，按全国统一要求进行降水酸度监测。并参加了全国降水酸度普查和全国降水酸度及化学组分的分布状况及变化趋势的研究。

（七）白洋淀水质保护科研、监测协作网

1975 年 6 月，由河北省卫生防疫站和保定地、市环境监测站、河北省地理研究所及有关科研单位、大专院校组成协作网，对白洋淀、入淀河流水质、生态环境和污染源作了调查、监测和科学研究，获取了一些科研成果和数据资料。

（八）滏阳河和滦河水系监测协作组

1977 年 3 月，由衡水地区环境监测站倡议，并和邢台地区共同牵头，与邯郸地、市，石家庄地、市，沧州地区 8 个环境监测站组成协作组，对滏阳河各段水质进行监测。

1978 年 3 月，由唐山地区和承德市环境监测站倡议，与原唐山市和承德地区 4 个站组成滦河水系监测协作组。这两个协作组制订了工作实施计划和统一设置监测点位、监测项目、监测时间、监测方法，分别对所辖河段进行监测，汇总数据后编写了分析报告，还定期交流监测技术。

（九）河北省近岸海域污染调查组

1978 年，由秦皇岛市环办监测站任组长，沧州地区环办监测站任副组长，唐山地、市，沧州市环保部门为成员组成调查组，对近岸海域污染进行调查和监测。

（十）河北省环境监测协作网

1981 年 11 月，由河北省环保局牵头，与河北省卫生局共同组织卫生、冶金、水文、地质、农林、交通、气象等 17 个部门，建立了“河北省环境监测协作网”，并制定了工作条例。在粮食农药残留调查研究、环境放射水平调查、工业污染源调查、环境质量报告书等方面的科研监测工作中，发挥了协同作用。

（十一）全国环境监测网

原国家环保局组织的全国环境监测网，由中国环境监测总站牵头领导，下面由各省环境监测心中心站、各省辖市环境监测站和部分县级站（县级市站）组成。省环境监测中心站为一级站，市级站为二级站，县级站为三级站，总称四级站网络。中国环境监测总站从技术上和政策上对全国的一、二、三级站进行指导，主要是对一级站指导。河北省以省环境监测中心站作为全省监测站网络领导单位（一级站），二级站有石家庄、唐山、秦皇岛、廊坊、张家口、承德、保定、沧州、衡水、邢台、邯郸等 11 个市监测站，三级站有武安、鹿泉等 95 个县级站。省环境监测中心站是全省各级环境监测站的监测技术指导中心、信息中心、网络管理中心、人才培训中心，突发事故应急监测中心。负责对二级、三级监测站的技术业务考核和认证、全省监测数据的搜集、整理和分析，监测站标准化建设达标验收等。二级站负责本市的大气、水、噪声等环境要素的日常监测、污染源常规监测，及对三级站指导。三级站负责本县域内环境及污染源的一般性监测任务。

（十二）大气国控监测网

1991 年由国家环保局组织，中国环境监测总站带头，由 48 个全国重点城市组成，工作是对各自城市的大气环境质量监测、数据传输和整理。河北省有石家庄、秦皇岛两市加入这一网络。2003 年改成全国 113 个重点城市空气自动监测网络系统，河北省的保定、唐山、邯郸市也划入其中。

（十三）海河流域水环境监测网

1999 年由国家环保总局组建成立海河流域水环境监测网，负责海河各河流的水质监测工作。由河北省环境监测中心站、山西省环境监测中心站、河南省环境监测中心站、山东省环境监测中心站、北京市环境监测中心、天津市环境监测中心组成。河北省环境监测中心站为网络中心站。

（十四）河北省重点污染源自动监测网

对河北省150家重点污染源的污水自动在线监测系统和废气自动在线监测系统进行联网，网络中心设在省环境监测中心站。中心通过电脑页面可实时看到污染源的污染物排放浓度和排放量，自动在线监测设备出现故障也可随时查看到。河北省的 17 家大型电厂都已联网。废气的监测项目现在主要是二氧化硫和烟尘，部分污染源有氮氧化物；污水监测项目主要是 COD、流量，部分污染源有 pH 项目。自动在线监测设施的运营管理目前大多由企业运营管理。按照环保部规定应该由具有《环境污染治理设施运营资质证书》的第三方运营管理。为了保证网络的正常运行，出台了《河北省污染源在线传输网络管理办法》等一系列规范性文件。

（十五）河北省城市空气质量自动监测网

石家庄、唐山等 11 个省辖市均在市内不同功能区内布设了数量不等的空气环境自动监测子站。石家庄市布设了 10 个子站。监测项目有二氧化硫、氮氧化物、PM_{10}。自动监测子站对周边空气实时监测记录数据，各市监测站每天向省环境监测中心站传输一次数据。

（十六）水环境自动监测网

在集中式饮用水水源地、行政区域交界断面和重点水体控制断面建设水质自动监测站，如岗南水库自动监测站、子牙河献县闸自动监测站等。监测项目有 COD、氨氮、DO、pH、水温、电导率、浊度等。2 小时监测一次数据，监测数据实时传输给网络中心——河北省环境监测中心站。

（十七）河北省无公害农产品环境监测网

目前已有 6 个系统的 38 个检测机构申请加入“河北省无公害农产品环境监测网”，12 家检测机构取得开展无公害产品环境监测的资质。2004 年组织网络单位完成了全省菜篮子基地、主要污水灌溉区和有机食品、无公害产品生产基地环境质量调查监测工作。

（十八）河北省室内环境监测网

2002 年成立河北省室内环境监测网，在石家庄、唐山等 11 个省辖市监测站成立室内环境污染监测室，在省环境监测中心站设立河北省室内环境污染监督检验站，河北省环境监测中心站作为网络技术依托单位。业务上同时受河北省产品质量技术监督局指导，并取得了国家认监委颁发的环境质量监测和产品授权监测资质。

二、环境监测网络管理

（一）环境监测网络管理机构

河北省环保厅负责全省环境监测网络的统一管理，河北省环境监测网络管理办公室（以下简称省网络办公室）为河北省环保局下设的办事机构。办公地点设在河北省环境监测中心站。设区市环保局负责市级网的建立和管理。

（二）省网络办公室主要职责

1. 负责省级网的日常管理工作
2. 指导市级网的工作
3. 负责网络成员单位资质认证工作
4. 负责省级网成员单位的质量保证和监测人员的技术考核工作

5. 负责省级网成员单位年审工作，定期向社会公布省级网成员单位名单

6. 根据国家或本省环境管理工作需要，组织省级网成员单位开展项目合作和技术开发工作

（三）加入环境监测网络

根据《河北省环境监测网络管理办法》的规定，环境监测网络是区域性的跨行业业务协作组织。从事与环境监测工作有关的单位，申请加入环境监测网络遵循自愿原则。环境监测网络实行分级管理，分为省级环境监测网络（以下简称省级网）和市级环境监测网络（以下简称市级网）。省、市环境监测站、省级行业监测站、省属大型企业监测站可申请加入省级网；市、县环境监测站、市级行业监测站及其他相关监测部门可申请加入市级网。

申请加入环境监测网络的单位应取得河北省环保局核发的《河北省环境监测资质认可合格证书》（以下简称《资质证书》）后，经相应管理机构批准成为相应级别环境监测网络成员单位。

河北省网络办公室应组织对省级网成员单位进行年审，定期对省级网成员单位的监测人员、仪器设备、质量保证等情况进行监督检查，检查结果作为换证的考核依据。

（四）网络成员单位的职责

参与制定网络章程、网络发展规划、年度计划和技术规定；按照《资质证书》确定的权限范围从事监测工作；按有关规定和要求，完成承担的监测任务，并及时上报有关监测数据和资料；参加监测方法、技术细则及重大环境监测项目的开发与研究；接受省网络办公室组织的业务培训和技术考核。网络成员单位在环境监测网络内共享、交流与环境监测、污染源监测有关的效据、资料及以共同监测为基础编制的报告。

第四节　河北省环境空气质量、地表水监测点位

河北省对空气质量、地表水监测进行了科学布点设位，并进行了合理的功能划分。城市空气环境质量监测点位及功能见表 4-1，全省地表水监测断面见表 4-2，河北省省控（含国控）湖库垂线见表 4-3。

表 4-1　城市空气环境质量监测点位及功能

<table>
<tr><th>城市</th><th>点位名称</th><th>功能区类别</th><th>备注</th></tr>
<tr><td rowspan="4">秦皇岛</td><td>北戴河环保局</td><td>1 类区</td><td>清洁对照点</td></tr>
<tr><td>市监测站</td><td rowspan="3">2 类区</td><td></td></tr>
<tr><td>鑫园</td><td></td></tr>
<tr><td>第一关</td><td></td></tr>
<tr><td rowspan="7">衡水</td><td>农机厂</td><td rowspan="3">2 类区</td><td></td></tr>
<tr><td>师专</td><td></td></tr>
<tr><td>气象局</td><td>清洁对照点</td></tr>
<tr><td>师范</td><td></td><td></td></tr>
<tr><td>石油公司</td><td></td><td></td></tr>
<tr><td>电池厂</td><td></td><td></td></tr>
<tr><td>环保局西院</td><td></td><td></td></tr>
<tr><td rowspan="4">保定</td><td>胶片厂</td><td rowspan="4">2 类区</td><td></td></tr>
<tr><td>保定商场</td><td></td></tr>
<tr><td>河北大学</td><td></td></tr>
<tr><td>南奇</td><td>清洁对照点</td></tr>
<tr><td rowspan="4">张家口</td><td>人民公园</td><td></td><td></td></tr>
<tr><td>五金库</td><td></td><td></td></tr>
<tr><td>探机厂</td><td></td><td></td></tr>
<tr><td>北泵房</td><td></td><td></td></tr>
</table>

城市	点位名称	功能区类别	备注
宣化区	宣化区政府		
	宣化区陵园		
	宣钢焦化厂		
下花园区	下花园区环保局		
	下花园电厂		
邯郸	邯钢	3类区	
	食品研究所	2类区	
	市环保局		
	从台公园		
	矿院		
	东污水处理厂		清洁对照点
邢台	路桥公司	2类区	
	环保局		
	高专附中		
	达活泉		清洁对照点
	木器厂		
	矿机厂		
唐山	陶瓷公司	3类区	
	雷达站	2类区	清洁对照点
	物资局		
	气象局		
	华联商厦		省控点，不参与计算
	路南区		
玉田县	发达小区		
丰润县	丰润县环保局		
古冶区	古冶区环保局		
新区	新区监测站		
乐亭县	乐亭县环保局		

城市	点位名称	功能区类别	备注
滦县	滦县环保局		
唐海县	唐海县环保局		
迁西县	迁西县环保局		
迁安县	迁安县环保局		
丰南市	丰南市环保局		
滦南县	滦南县环保局		
遵化市	东环区		
沧州市	沧州市环保局	2 类区	清洁对照点
	沧县城建局		
	电视转播站		
	苗圃公司		
黄骅市	汽车大修厂		
	市政府招待处		
	市冷冻厂		
河间市	北京电器分厂		
	河间市监测站		
	三部医院		
泊头市	化机厂		
	环保楼		
	提口王		
任丘市	任丘市环保局		
	华油通讯处		
	市公共汽车站		
廊坊	百货大楼	2 类区	
	药材公司		
	开发区会展中心		
	市职中		清洁对照点

城市	点位名称	功能区类别	备注
霸州市	钢管厂		工业区
	温泉小区		生活区
	市第二建筑公司		对照点
石家庄	化工学校	3 类区	
	军械学院	2 类区	
	五十四所		
	平安电站		
	高新区		
	金马		
	西南高教		
	西三庄		
	蟠龙湖		清洁对照点
藁城市	藁城市城建局		
鹿泉市	鹿泉市环保局		
	杜庄村西		
辛集市	育红街		
	市府街		
新乐市	新乐市环保局		
晋州市	晋州市环保局		
井陉县	井陉县环保局		
平山县	平山县环保局		
井陉矿区	井陉矿区环保局		
栾城县	栾城县监测站		
正定县	华能宾馆		
	正定县环保局		
无极县	无极县环保局		
赵县	赵县环保局		
承德	中国银行	2 类区	
	附属医院		
	铁路		
	离宫		清洁对照点

表 4-2　河北省地表水监测断面

水系	河流	断面名称	类型	所在地
子牙河水系	石津总干渠	黄壁庄桥	国对	石家庄市鹿泉市
		杜北	国控	石家庄市
		运河桥	市控	石家庄市
		兆通	国控	石家庄市藁城市
		南张村	国削	石家庄市辛集市
	滹沱河	岗南水库入口	省控	石家庄市
		下槐镇	省控	石家庄市平山县
		枣营	省控	石家庄市
		张村桥	市控	石家庄市藁城市
		固营桥	市控	石家庄市正定县
		合方桥	市控	衡水市饶阳县
		西里庄南	市控	衡水市安平县
		临河富庄桥	市控	沧州市献县
	绵河 冶河	地都	省对	石家庄市井陉县
		岩峰	省控	石家庄市井陉县
		平山桥	省削	石家庄市平山县
	磁河	段家庄	市控	石家庄市深泽县
		赵八桥	市控	石家庄市无极县
		七级桥	省控	保定市定州市
	洺河	西土山	市控	邯郸市武安市
		清化	市控	邯郸市武安市
		娄里	市控	邯郸市永年县
		韩庄	市控	邯郸市永年县
		沙阳	市控	邯郸市鸡泽县
		丁庄桥	市控	邢台市
	汪洋沟	高庄	市控	石家庄市赵县
		东枣村	市控	邢台市
	洨河	总退水口	市控	石家庄市
		大石桥	省控	石家庄市赵县
		石板桥	市控	石家庄市栾城县
		南留桥	省控	邢台市宁晋县

水系	河流	断面名称	类型	所在地
子牙河水系	小黄河	北关桥	市控	邢台市
		电缆厂	市控	邢台市
		青年桥	市控	邢台市
	围寨河	东街口桥	市控	邢台市
		二轻局桥	市控	邢台市
		五一桥	市控	邢台市
	牛尾河	南大郭	省控	邢台市
		酱菜厂	省控	邢台市
		大吴庄桥	省控	邢台市
		后西吴村	省控	邢台市任丘市
		高庄桥	市控	邢台市
	滏阳河	九号泉	省对	邯郸市峰峰矿区
		水泥厂桥	省控	邯郸市峰峰矿区
		张庄桥	省控	邯郸市磁县
		刘二庄	省控	邯郸市
		苏里	省控	邯郸市
		莲花口	省控	邯郸市永年县
		曲周	省削	邯郸市曲周县
		郭桥	省对	邢台市平乡县
		大田庄桥	市控	
		艾新庄	省控	邢台市宁晋县
		北小庄	省对	衡水市冀州市
		千马桥	省控	衡水市冀州市
		衡水闸	省控	衡水市冀州市
		小范桥	省削	衡水市武强县
		双村	市控	沧州市献县
	滏东排河	大赵桥	干考	衡水市桃城区
		城后桥	市控	邢台市
		冯庄	市控	沧州市泊头市
	闸西干渠	芦村桥	省控	衡水市桃城区
	邵村排干渠	邵村南	省控	衡水市桃城区

水系	河流	断面名称	类型	所在地
子牙河水系	滏阳新河	南顾城桥	省控	衡水市
		侯庄桥	市控	邢台市
		黄铁房	市控	沧州市泊头市
	子牙河	小河闸	省控	廊坊市
		小王庄	市控	沧州市河间市
	子牙新河	献县闸	国控	沧州市献县
		阎辛庄	省控	沧州市黄骅市
		马棚口防潮闸	省削	沧州市黄骅市
滦河及冀东沿海水系	滦河	郭家庄	国对	承德市隆化县
		宫后	省控	承德市双滦区
		承钢大桥	省控	承德市双滦区
		偏桥子大桥	省控	承德市双桥区
		上板城大桥	省控	承德市承德县
		乌龙矶大桥	省控	承德市承德县
		大仗子（一）	国削	承德市兴隆县
		大黑汀水库出口	国对	唐山市迁西县
		滦县大桥	国控	唐山市滦县
		姜各庄	国削	唐山市乐亭县
	武烈河	磷矿上游	省对	承德市承德县
		上二道河子	省控	承德市双桥区
		旅游桥	省控	承德市双桥区
		雹神庙	国削	承德市
	伊逊河	围场上游	省对	承德市围场县
		唐三营	省控	承德市隆化县
		李台	国控	承德市隆化县
	柳河	头隆上游	省对	承德市兴隆县
		铁 26 号桥	省控	承德市兴隆县
		大仗子（二）	省控	承德市兴隆县
	瀑河	平泉上游	省对	承德市平泉县
		党坝	省控	承德市平泉县
		后杨树湾	国控	承德市宽城县

水系	河流	断面名称	类型	所在地
滦河及冀东沿海水系	潮河	丰宁上游	省对	承德市丰宁县
		天桥	省控	承德市丰宁县
		营盘	省控	承德市丰宁县
		古北口	省削	承德市丰宁县
	清水河	墙子路	省控	承德市兴隆县
	陡河	陡河水库西入口	省对	唐山市
		钢厂桥	省控	唐山市
		女织寨	国控	唐山市
		稻地	省控	唐山市丰南市
		涧河口	国削	唐山市丰南市
		陡河水库中心	国对	唐山市
	石河	大坝	国对	秦皇岛市
		铁路桥	省控	秦皇岛市
		石河口	国控	秦皇岛市
	戴河	戴河村	国对	秦皇岛市
		尼龙坝	省控	秦皇岛市
		戴河口	国控	秦皇岛市
	汤河	海阳桥	省对	秦皇岛市
		汤河桥	省控	秦皇岛市
		汤河口	省控	秦皇岛市
	洋河	水库出口	市控	
		卢王庄	市控	
		洋河口	省控	秦皇岛市抚宁县
	新开河	新开河口	省控	秦皇岛市
	淋河	淋河桥	省控	唐山遵化市
	沙河	沙河桥	省控	唐山遵化市
	黎河	黎河桥	省控	唐山遵化市
	饮马河	王店子	市控	
		歇马台	省控	秦皇岛市
		饮马河口	市控	
	青龙河	红旗杆	省对	秦皇岛市卢龙县
		桃林口	省控	秦皇岛市卢龙县
		田庄子	省削	秦皇岛市卢龙县

水系	河流	断面名称	类型	所在地
大清河水系	府河	焦庄	省控	保定市南市区
		望亭	省控	保定市清苑县
		安州	省削	保定市安新县
	拒马河	涞源	省对	保定市涞源县
		紫荆关	省控	保定市易县
		落宝滩	省控	保定市涞水县
		码头	省控	保定市涿州市
		北河店	省控	保定市定州市
		新盖房	省削	保定市高碑店市
		西关桥	市控	
		大石桥	市控	
		码头桥	市控	保定市涿州市
		蓝桥	市控	
	唐河	水堡	省对	保定市涞源县
		倒马关	省控	保定市唐县
		白台	省削	保定市唐县
	漕河	马庄	省控	保定市
		方上桥	市控	保定市满城县
		西庄桥	市控	保定市满城县
		东庄桥	市控	保定市满城县
	胡良河	胡良桥	市控	保定市满城县
		夹河桥	市控	
	孝义河	蒲口	省控	保定市
	潴龙河	沙窝	省对	保定市阜平县
		阜平	省控	保定市阜平县
		王林口	省削	保定市阜平县
	大清河	台头	省控	廊坊市
永定河水系	洋河	左卫桥	国对	张家口市怀安县
		响水堡	国控	张家口市宣化县
		鸡鸣驿	省控	张家口市怀来县
		八号桥	国削	张家口市
		清河桥	市控	张家口市怀来县
	清水河	北泵房	省对	张家口市
		老鸦庄	省控	张家口市

水系	河流	断面名称	类型	所在地
永定河水系	桑干河	揣骨疃	省对	张家口市阳原县
		壶流河小渡口	省控	张家口市
		石匣里	省控	张家口市
		温泉屯	省控	张家口市涿鹿县
	永定河	东北村	省控	廊坊市
	壶流河	壶流河入省界	市控	张家口市蔚县
	桑干河	桑干河入省界	市控	张家口市怀安县
	洋河	东洋河入省界	市控	张家口市怀安县
		西洋河入省界	市控	张家口市怀安县
		南洋河入省界	市控	张家口市怀安县
北三河水系	北运河	王家摆	省对	廊坊市香河县
		土门楼	省控	廊坊市香河县
	潮白河	白庙	省对	廊坊市三河县
		吴村	省控	廊坊市香河县
		大套桥	省控	廊坊市
	龙河	大王务	省控	廊坊市
	还乡河	丰北闸	省控	唐山市
	白河	后城	省控	张家口市
	句河	三河东大桥	省控	廊坊市三河县
	白沟河	太平庄闸	省控	廊坊市
漳卫南运河水洗	清障河	刘家庄	省对	邯郸市涉县
		连泉	省控	邯郸市涉县
		西达	省削	邯郸市涉县
	浊漳河	合漳	省控	邯郸市磁县
	卫河	北善村	省对	邯郸市大名县
		龙王庙		
		徐万仓		
		罗头桥	省控	邯郸市馆陶县
		北馆陶桥	省削	邯郸市馆陶县
		临清	省控	邢台市
	南运河	桑园桥	国控	沧州市吴桥县
		青县桥	国控	沧州市青县

水系	河流	断面名称	类型	所在地
黑龙港运东水系	沧浪渠	李家寨	省控	沧州市沧县
		歧口防潮闸	省削	沧州市黄骅市
	北排河	京开公路桥	省对	沧州市献县
		小许庄桥	省控	沧州市青县
		北排河口防潮闸	省削	沧州市黄骅市
		齐家务	市控	沧州市黄骅市
	南排河	南排河口防潮闸	省控	沧州市黄骅市
	廖家洼河	李家堡防潮闸	省控	沧州市黄骅市
	石碑河	石碑河李家堡桥	省控	沧州市黄骅市
	东风渠	小屯闸	省控	邯郸市
	黑龙港河	东港拦河闸	省控	沧州市
	清凉江	连村闸	省控	衡水市阜城县
	宣惠河	景庄桥	省对	沧州市吴桥县
		辛立闸	省控	沧州市海兴县
		大口河口	省削	沧州市海兴县
	任文干渠	七孔闸	市控	沧州市任丘市
		阎家坞	市控	沧州市任丘市

表 4-3　河北省省控（含国控）湖库垂线

水系	湖库	垂线名称	所在地
子牙河水系	岗南水库	西洪子店	石家庄市平山县
		西柏坡	石家庄市平山县
		西岗南	石家庄市平山县
	黄壁庄水库	东百家岸	石家庄市鹿泉市
		北庄头	石家庄市鹿泉市
		黄壁庄	石家庄市鹿泉市
	临城水库	水库中心	邢台市临城县
	朱庄水库	水库中心	邢台市沙河市
	东武仕水库	水库进口	邯郸市磁县
		水库中心	邯郸市磁县
		水库出口	邯郸市磁县
	衡水湖	王口闸	衡水市冀州市
		大库中心	衡水市冀州市
		小库中心	衡水市冀州市
		大赵闸	衡水市冀州市

水系	湖库	垂线名称	所在地
大清河水系	王快水库	水库中心	保定市曲阳县
	西大洋水库	水库中心	保定市唐县
		西大洋水库出口	保定市曲阳县
	安各庄水库	水库中心	保定市易县
	龙门水库	水库中心	保定市满城县
	白洋淀	鸪丁淀	保定市安新县
		南刘庄	保定市安新县
		烧车淀	保定市安新县
		王家寨	保定市安新县
		枣林庄	保定市安新县
		圈头	保定市安新县
		采蒲台	保定市安新县
		端村	保定市安新县
		光淀张庄	保定市安新县
漳卫南运河水系	岳城水库	观台	邯郸市磁县
		岳城水库中心	邯郸市磁县
		岳城水库出口	邯郸市磁县
滦河水系	陡河水库	陡河水库西中心	唐山市
	邱庄水库	邱庄水库中心	唐山市
	石河水库	里峪	秦皇岛市
		四道河	秦皇岛市
		大坝（内）	秦皇岛市
	洋河水库	战马王庄	秦皇岛市抚宁县
		周各庄	秦皇岛市抚宁县
		出口闸	秦皇岛市抚宁县

第五章　环保产业

第一节　环保产业发展概况

环保产业被喻为世界经济的“朝阳产业”，环境保护及相关产业是环境保护的物质基础和技术保障，它受环境保护的需要和政策的引导、支持和拉动，两者相辅相成、相互促进。环保产业是河北省环境保护事业的重要组成部分，是河北省经济社会发展中新的经济增长亮点。

一、产业萌芽期

河北省环保产业起步较早，始于 20 世纪 70 年代初，刚起步时河北省只有 10 多家环保企业，产业发展速度较慢，形不成规模。为加强环保产业的行业领导，推动河北省环保产业发展，1984 年，河北省环保局成立了河北省环保工业协会，同年举办了环保展览，其中有环保工业产品的展览与销售，参展厂家有 37 家，达成一批环保产品销售与使用协议，既促进了河北省环境污染防治，又拉动了河北省环保产业发展。

此阶段的重点产品和技术：1976 年，廊坊地区冶炼厂刘寿昌、轩维和等完成了“生物滤池处理炼锰铁含氰高炉煤气洗涤水试验研究”，这项研究成果于 1978 年获全国科学大会颁发的奖状；1980 年，河北省化工研究所马玉英和石家庄地区滹沱河化肥厂技术人员共同完成了“小氮肥厂污水处理研究”，该项成果采用尾气淋洗吸收式生物滤塔处理小氮肥厂污水，该项成果获 1989 年河北省科技进步二等奖和 1985 年国家科技进步三等奖；1980 年，唐山市机车车辆厂采用电解法处理电镀废水中的铬离子；1979 年河北省环保所完成了“电镀废水铬的回收及在鞣制皮革中的应用”；1979—1982 年，机械电子工业部北方设计院研究成功离子交换法处理含氰废水、离子交换法处理含铬废水装置，由张家口市通用机械厂批量生产；1975—1976 年，保定六〇四造纸厂研究成功斜板沉降法处理造纸废水技术；1981 年开始，保定市用经济手段及优惠政策鼓励热电厂储灰场周围砖厂大量掺用粉煤灰，1982 年，石家庄地区交通局在京广公路正定段开展粉煤灰混合料用于公路路面基础的应用研究。

二、产业形成期

1984 年后，河北省环保及相关产业有了较快、较好的发展。从起步阶段的 10 多家企业发展到 1993 年的 280 多家，从业人员逾 4000 人，产业规模逐渐扩大。自 1987 年河北省环保工业协会正式成立，1993 年更名为河北省环保产业协会，在促进河北省环保产业发展的道路上又迈了一大步。

然而，环保产业结构不合理、产业发展不平衡是河北省环保产业发展缓慢的突出问题。传统环保设备制造业市场呈现供大于求的市场局面，这些传统的环保设备依然是河北省环保产品生产企业的主打产品，且没有实现标准化、系列化，缺乏成套设备生产能力，导致河北省环保产业发展缓慢。

此阶段的重点产品和技术：1983 年，冀县环保设备厂研制并生产出“水平逆推往复炉排”，用于锅炉改造，1984 年该项成果获河北省科技进步三等奖；1985 年冀县环保设备厂又研制成工业炉窑双级多速燃煤机，该成果于 1986 年获河北省科技成果二等奖；从 1980 年开始在电力、冶金、建材等行业中的大中型企业采用高压静电除尘技术，1981 年开始，河北省大多数燃煤的锅炉采用旋风除尘器除尘。1983 年，沧县科研所张介轩发明了晶体管高压静电除尘器，该除尘器采用晶体管振荡电路产生高压静电用于除尘技术是国内首创；1985 年，河北井烃化肥厂对污染环境的“三废”进行了综合治理，该厂在烟道内安装水喷淋装置，对沸腾炉进行水帘式除尘，作为第一级除尘，再用青石砌制并用混凝土衬里的水膜除尘器作为第二级处置，取得较好除尘效果；同年，华北制药厂在厌氧发酵处理丙丁废醪液废水小试的基础上进行了 8 立方米上流式厌氧发酵器治理高浓度有机废水丙丁废醪液的中试研究，该项成果 1986 年获国家环保局科技进步二等奖；1988 年，河北省环保所为治理造纸洗浆废水研制成功立式纤维回收机；1995 年，省环保所进行的“大孔吸附树脂制备及其在含酚废水处理方面的应用研究”将苯乙烯、二乙烯苯在致孔剂、催化剂的存在下以共聚反应生成大孔白球，大孔白球经氯甲基化反应生成氯球，干燥的氯球在适宜条件下经酚化而制成大孔吸附树脂，产品吸酚量 120 毫克/毫升，疲劳强度≥98%。该成果达到国内领先水平；1986 年，石家庄市建材二厂使用石膏、萤石复合矿化剂和石家庄电厂排放的湿粉煤灰代替黏土烧制出强度高的熟料。

三、快速发展期

2000 年以后，河北省环保产业进入快速发展阶段，在此期间环保产业得到规模化的大发展，环保行业更加规范化、成熟化。国家和省政府在多项政策中都提出要扶持和促进环保产业的发展，有力地促进了河北省环保产业的健康发展。

截至 2004 年河北省环保及相关产业企业已发展到 774 家，从业人员 93 158 人，环保产业年收入 1 075 551.6 万元，年利润 72 889.89 万元，为国家和地方交纳税金 109 126.97 万元。2004 年河北省环保产业固定资产产值达到 2 000 亿元，年产值 149.5 亿元，利润 16.3 亿元。与 2000 年相比，固定资产增长 62%、总产值增长 86%、利润增长 99%。年均增长速度为 17%，达到全国环保产业 15%～25%的平均增长速度。2004 年，环保产业产值占全省国内生产总值（GDP）的比重有所增加，但仍低于全国平均水平。河北省环保产业产值占全省 GDP 的比重由 2000 年的 1.58%上升到 2004 年的 1.69%，但仍低于全国 1.97%的平均水平。设备制造业成为主流。

环保产业所有制结构趋向多元化，大中型企业占居主导地位。2000 年以来，以资本为核心的企业改制、重组、合资、合作明显加快。有限责任公司和股份制有限公司已达到全省环保产业从业单位总数的 42%。集体企业、股份制企业、有限责任公司以及私营企业的年产值占全行业年总产值的 77.4%。年产值 200 万元以上的单位达到 445 家，成为河北省环保产业的主体。港澳台和外商投资企业共计 30 家，年产值 14.2 亿元，占全省环保产业年产值的 12%。

环保产业结构也发生新变化。2004 年与 2000 年相比，在环保产品生产、洁净产品生产、环保服务、资源综合利用四大领域中，环保服务发展迅速，在环保产业中的比重由 2000 年的 3.1%上升到 2004 年的 18.7%。

2008 年河北省环保产业基本情况抽查中，在所调查的河北省辖区内 331 家环境保护产业企、事业单位中，国有企业占 4%，集体企业占 3%，股份合作企业占 2%，有限责任公司占 51%，股份有限公司占 5%，私营企业占 29%，中外合资企业占 2%，外资企业占 1%，其他企业占 3%。企业单位是河北省环保产业的主力军——占 98%（其中上市公司仅占 1%）。在所调查的企业单位中，专业环保占 66%，兼业环保占 34%。河北省环保产业从业人员中拥有中高级职称的人员比例较低，高级职称占总从业人数的 5%，中级职称占 9%。

根据环保产业相关年份调查统计结果，1999—2007 年是河北省环保产业迅猛发展期，其中 2000 年、2003—2004 年、2006—2007 年是发展较快的年份。

四、发展前景

河北省环保产业市场潜力很大。“十一五”期间，河北省重点发展环保城市污水处理、城市垃圾处理、燃煤电厂脱硫、工业污染物防治、自然保护区与生态建设、环境保护能力建设六大工程，共计 454 项，总投资约 466 亿元，占同期环保总投资的 29%。其中城市污水处理工程总投资约 83.9 亿元建设 89 个城镇污水处理厂项目；城镇垃圾处理工程总投资约 27.5 亿元，新建 40 个生活垃圾无害化处理厂，17 个医疗废物及危险废物处置项目；燃煤电厂脱硫工程总投资 116 亿元，建设 34 项电厂脱硫除尘工程和 23 项集中供热工程；工业污染防治工程总投资 132.8 亿元，其中大气污染防治工程项目投资 93.9 亿元，建设 56 个大气污染点源治理项目，水污染防治工程项目投资约 19.9 亿元，建设 77 项水污染防治点源重点工程，工业固体废物处置工程投资约 19 亿元，建设 41 个工业固体废物处置项目；自然保护区与生态建设工程总投资约 92.7 亿元；环境保护能力建设工程总投资约 12.7 亿元，建设 16 项以提高全省环境应急、执法监察、环境监测、环境信息、环境宣教、环境科技及辐射环境管理能力为重点的工程项目。

2010 年，全省环保产业总产值计划达到 398 亿元，年均增长率达到 20%以上。其中环保产品产值 30 亿元，年均增长 20%；洁净产品产值 38 亿元，年均增长 15%；环境保护服务产值 150 亿元，年均增长 40%；资源综合利用产值 180 亿元，年均增长 15%。提高环保产品国产化和资源综合利用水平。2010 年，省内环保产品的国产化率达到 85%以上；资源综合利用率达到 65%以上。培育和发展污染防治工程专业化运营公司，提高河北省环保产业的综合设计、成套供给和工程总承包能力。

河北省环保产业发展的重点领域：

（一）水污染防治技术与设备

重点开发日处理能力 10 万吨以下的城市污水处理成套技术设备、日处理 1 000 吨以下中水回用技术设备、城市污水处理厂剩余污泥无害化减量化处理处置技术设备、城市污水处理厂及市政排水管网恶臭污染防治技术、城市污水处理厂智能化设计和智能化远程自控运行技术。

煤化工（焦化、甲醇、煤气、合成氨）、化工（染料化工、医药化工）、酿造发酵工业（味精、柠檬酸）、垃圾渗滤液等含高浓度氨氮的工业废水脱氮技术。化工（有机化工、石油化工、医药化工）、食品酿造、糖蜜酒精等含高浓度硫酸盐的工业废水的脱硫技术或改进生产工艺的替代技术。化工、酿造、食品加工、药材加工等高浓度有机废水的有价物质回收和综合利用技术。冶金、采油、石油化工、化工、电力等工业废水和工业冷却水的高级回用技术。造纸黑液碱回收装置的性能优化技术和其他处理处置技术。染色废水的高效脱色技术。新型高效重金属（电镀、线路板）废水处理和重金属回收技术。

（二）大气污染防治技术与设备

重点开发燃煤电厂石灰石—石膏法、干法、湿法、炉内喷钙法、氧化镁湿法等脱硫技术以及脱硫除尘一体化装置。发展高效洁净催化燃烧和循环流化床锅炉，高效电除尘器，高温高滤速袋式除尘器，袋式除尘器高效清灰设备，烟气循环流化床脱硫设备。开发生产 EGR 汽车尾气循环处理技术和装置及其替代燃料。发展高效节能催化燃烧和碳纤维回收利用等有机废气治理技术和设备及工业有毒气体、恶臭气体的治理技术和设备。大力发展清洁煤生产技术及装备。

（三）固体废弃物处置技术与设备

以废物减量化、无害化、资源化为发展方向，优先发展生活垃圾资源化及处理技术和设备。主要有：清扫运输、压缩、中转设备；垃圾焚烧发电、卫生填埋、堆肥或热稳定制肥成套技术与设备。建设城市生活垃圾焚烧发电示范工程；在郊区与中小城镇推行垃圾中温发酵与连续堆肥技术，生产多元复合肥与生物肥。发展危险废物、医疗废物、电子废物和一般工业废物的贮存、处置和综合利用技术和设备，重点是煤矸石、粉煤灰等工业废渣资源化技术和设备。

（四）环境监控仪表与设备

重点发展环境污染连续自动和在线监测设备、数据采集、传输系统及应急监测仪器设备。包括城市空气质量连续自动监测系统、水质在线自动监测系统、降雨、沙尘、烟气在线监测系统及快速监测仪器设备。完成酸雨自动监测系统、烟气在线连续自动监测系统的工业化生产。加强核心技术的研发，提升产品的技术含量。

（五）洁净技术和产品

重点发展电力、冶金、医药、石化、造纸、采矿等高耗水行业的节水工艺和设备，主要有燃煤电厂高浓度输灰工艺、干排灰、干排渣工艺和设备，中水回用技术与设备，造纸行业制浆洗涤用水闭路循环工艺和设备及干法选矿设备等。

大力发展有机食品、有机纺织品、低毒油漆、低毒涂料以及可生物降解的包装材料、餐具、农膜等洁净产品。积极研发节能照明技术和居民节水产品。发展无污染肥料与生物农药、农业节水设施产业和绿色食品产业。

（六）环保材料与药剂

主要发展高性能的水处理絮凝剂、混凝剂（无机高分子混凝剂；有机高分子混凝剂、复合高分子混凝剂），高效的烟气脱硫固尘材料，氮氧化物等气态污染物生物净化技术，生活垃圾生产有机肥快速发酵菌种等。

可降解膜塑材料；污水及气体净化滤料及吸附材料，用于固液分离及水处理的各种膜材料，生物反应器填料及减振防噪材料。

（七）资源综合利用

重点发展利用煤矸石部分或全部替代黏土生产水泥生料，利用煤矸石发电，利用煤矸石、粉煤灰、锅炉渣等工业废渣生产水泥、混凝土砌块、保温耐火材料等建材产品；利用造纸黑液生产煤炭固硫剂以及利用城市垃圾生产建筑墙体材料、有机肥等，发展利用高炉煤气、焦炉煤气发电技术和装备；废旧物资综合利用方面重点发展利用废纸生产各类纸张、纸板，利用废玻璃、废玻璃纤维生产玻璃制品及复合材料和利用废旧轮胎等生产胶粉、再生胶、燃油、沥青、涂料等。

（八）环境保护服务

继续搞好石家庄、邯郸、唐山、秦皇岛、沧州环境服务总承包试点，逐步建立河北省环境服务专业化运营体系。加强对环境状况和环境工程的评估；加强环境技术开发与服务；加强环境工程设施的监督管理。依托河北科技大学环境科学与工程学院和河北省环保产业协会的人才、技术优势，组建“河北省环保产业信息网”，充分发挥其功能；建立河北省环保产业统计指标体系、环保产业信息数据库，以及人才、市场、技术、需求信息化管理系统，加强环保信息网络化建设，积极推进信息服务的市场化进程。

第二节 环保产业结构与实用技术

一、产业结构

在河北省环境保护产业中，按经营活动范围分，其中从事环境保护产品生产的比例最大——占 53%，从事环境保护服务的占 26%，从事资源综合利用和从事洁净产品生产的企业所占比例较低，分别占总数的 14%和 7%。2008 年河北省环保产业企、事业单位工业销售平均产值为 923.99 万元，年产品平均销售收入为 904.31 万元，年产品平均销售利润为 106.393 万元。资源综合利用年工业销售平均产值为 15 278.76 万元，平均年产品销售收入为 2 676.75 万元，年产品销售平均利润为 222.04 万元；产品、技术开发与服务平均收入为 143.22 万元，平均利润为 65.65 万元；环境工程设计平均年收入为 77.52 万元；环境工程平均年收入为 498.53 万元；环境工程设计与施工平均年利润为 113.47 万元；环境污染治理设施运营服务企业平均年收入为 378.7 万元，而企业平均利润为 135.06 万元。2008 年内环境咨询服务企业年内完成项目平均收入为 51.4 万元，平均年利润为 4.46 万元。

二、环保产业实用技术

（一）吊胆折流积热消烟除尘锅炉

三河市环发锅炉有限公司生产的吊胆式茶、浴、暖热水锅炉 1996 年被国家环保局批准为“1996 年国家环境保护最佳实用技术推广”项目；于 2003 年、2006 年、2009 年连续多次获得“国家重点环境保护实用技术推广项目”。研发出吊胆折流积热消烟除尘 I 型锅炉、吊胆折流积热消烟除尘 II 型锅炉。

吊胆折流积热消烟除尘锅炉的煤层下部均匀布设强风，在火室上部一定位置布旋风加氧。在炉体中心部位增置一个用特殊耐火材料制成的吸热快、积热好、耐高温的导管，此管在 1 800℃时不液化、不裂坏，寿命达 10 年以上，并在点火 6 分钟左右即可烧成赤红色，进而形成二次高温区。消烟过程分两步：第一步，因火室下部给强风直燃，故使煤层快速充分燃烧，由于直燃火势强劲，使烟气得到第一次消烟。第二步，是在火室的上部给予二次加氧，迫使火强制进入炉体中心积热导管中，形成二次高温，即再次消烟过程。

吊胆折流积热消烟除尘锅炉分为凹、凸双火室，前凸火室为预热干馏室，所产生的烟气在凹火室中经过高温而达到消烟的目的，烟气中的粉尘通过折流进入烟道，经多次上升下降而落入炉内底部而消除。该锅炉产品在原吊胆锅炉的基础上，采取折流式烟气通道，延长了烟气流程，从而提高了热功率和热效率，同时进一步降低了烟尘排放浓度，几近同燃油锅炉媲美。由于该锅炉产品减少烟尘排放 60%，锅炉房非常清洁，没有二次污染。

（二）BZ-9000/1.0 型双速曝气转刷

中国船舶重工集团公司第七一八研究所（以下简称七一八所），原名中国船舶工业总公司第七研究院第七一八研究所，研制出 BZ 系列曝气转刷。

BZ 系列曝气转刷是氧化沟工艺中给水体充氧的专用表面曝气设备，是最早开发研制、生产曝气转刷的国内生产厂家之一，所生产的 BZ 系列曝气转刷已经通过了由国家建设部、环保部、中国船舶工业总公司共同组织的鉴定，产品性能处于国际先进水平。而 BZ-9000/1.0 型双速曝气转刷就是其中的一种，并且于 2002 年被国家环境保护总局确定为“国家重点环境保护实用技术（B 类）”。

作为一种专用的充氧设备，曝气转刷主要应用于污水处理行业中生化处理阶段。在工作状态下，通过电机传动，带动固定于转轴上的刷片击水，形成液膜和水瀑，夹带空气中的氧气进入水体。由于刷片具有很好的弹性，刷片在击水过程中容易产生高频率低振幅的微小振荡，达到连击效果，使刷片击水水花小，雾化程度高，增大了气液传质面积，从而增加了曝气转刷的充氧能力。同时曝气转刷转动推动水流流动，达到给水体充氧、混合、推流的目的。这种连续循环完全混合流程，既有完全混合曝气的优点，又有间歇反应器的功能。特别是由于氧化沟内的内循环流量高于进水流量的数十倍，其巨大的稀释均化能力带来运行稳定，耐受冲击负荷，以及降低最终沉淀池出水中的氮含量以利于提高沉淀效果、改善出水水质等一系列卓越的工艺特性。

BZ 系列曝气转刷凭借优良的性能已成功应用于多个大中城镇污水厂，如浙江省义乌污水处理中心（一期、二期）、邯郸市东污水处理厂、深圳市滨河污水处理厂、河北省邯郸市曲周县污水处理厂、河北省清河县污水处理厂、河北省平山县污水处理厂、河北省灵寿县污水处理厂、山西省天镇县污水处理厂等。BZF 系列非金属曝气转碟经过结构和材质的改进，与金属曝气转碟相比，节约了生产成本，自重和动态惯量都有大幅降低，有效地降低了设备负荷，运转电流明显降低，节能效果良好，减少了城镇污水处理厂的投资和运行费用，具有相当的经济效益，同时也促进了氧化沟工艺在我国城镇污水处理中的推广和应用，加快了我国城镇污水处理厂的建设，具有良好的环境效益。

（三）FGX 复合式干法选煤技术

唐山市神州机械有限公司自主研发的 FGX 复合式干法选煤技术和成套设备是我国独创的新型动力煤选煤方法。借助机械振动使分选物料在床面上做螺旋翻转运动。料层上部密度较低的矿粒逐次被剥离，形成精煤产品；利用入选原煤中所含细粒煤作为自生介质，与床面上升气流组成气固两相混合悬浮体进行分选；利用高密度矸石颗粒相互挤压碰撞产生的浮力效应强化煤矸分离；利用析离作用和风力作用的综合作用进行分选；物料通过床面上设置的平行格条及沟槽分选。

按照这个总体思路，对分选床面的形状、振动形式、物料运动轨迹、床面厚度控制、风力分布、风量控制、床面支撑形式、床面角度调节，按质量控制产品分配以及供风除尘工艺配套做出了相应的结构设计，创造出一种全新的复合式干法选煤设备。适应我国各种大小不同类型不同规模煤炭企业的需求。提高了原煤入选率，解决了我国褐煤等易泥化煤洗选加工的难题以及煤矸石综合利用等问题。

复合式干法选煤不用水，避免了煤泥水造成的水体污染，排除煤中矸石、硫铁矿的杂质，减少了燃煤锅炉粉尘及二氧化硫排放量，减少了大气污染；矸石就地排放，减轻了城市废渣的排放压力；煤矸石的综合利用，减少了煤矸石占地及自然造成的环境污染。2007 年 2 月被国家环境保护总局评审确认为“国家重点环境保护实用技术（A 类）”。

（四）辫带式水处理系列填料

河北益康针棉织有限公司年产 4500 吨辫带式水处理填料扩能改造项目已列入河北省重点项目。公司自行研制的用于污水处理工程的新型辫带式水处理系列填料，实现了国内首家机械化、规模化、标准化生产填料的新突破。辫带式水处理填料克服了其他填料的诸多不足。

该填料是新一代环保型生物活性填料，由特殊材料、特殊工艺，世界领先水平设备织造而成，亲水、亲油、对气泡有很好的切割作用，有储氧功能，吸附能力强。同时由于受水流和气流的冲动，填料上的生物膜不断更新，生物活性高，传质效率高。模拟天然水草形态，不易纳藏污泥，充氧时管状直径具有可变性，无堵塞等优点，并且兼具脱色功能，脱色率 60%以上。比其他填料能够提高净水效能 70%～80%。

该填料自 1997 年研制成功，先后在几十个厂家推广使用。此填料具有挂膜快、生物膜发育良好，具有丰富的生物群落，构成细菌、藻类、原生动物、后生动物等长的食物链，污水中所含的有机物和营养物等通过与生物膜众多条食物链的接触，发生迁移和转化，降解成为最终产物二氧化碳、水、氨氮，亚硝酸盐氮，磷酸盐等，它们又通过硝化、反硝化、同化等过程而被除去，从而达到很高的净化效率；同时，该填料生物膜长食物链高效地消耗细菌、藻类、原生动物，生成后生动物而使生物量大幅度减少，致使剩余污泥量很少，仅为活性污泥法工艺的1/20，可 1～2 个月排出污泥一次，且数量很少，就地处理和利用即可。该填料还具有耐酸碱，传质效果好等优点。同时还具有重量轻，投资少，运行费用低，使用寿命长，安装、维护方便，易与其他设备配套使用等特点。因此，使用该填料具有较高的经济效益和社会效益。

这种辫帘式生物膜载体填料有两大类：一类用于城市污水和工业废水处理厂、站的生物膜工艺处理池（或称生物接触氧化池）中，这类填料通常为上下两端都予以固定悬挂，形成一排排的挂帘，污水在池中流动过程中，通过曝气系统的搅拌和混合作用，使其中的污染物与挂帘上生长的生物膜得到充分的接触和发生生物降解和同化。第二类填料是专门用于污染河道、池塘、湖泊中的仿水草辫帘式填料，下端固定在河床底或塘底、湖底，上端呈自由漂游状态。当河水被净化澄清透明后，这些填料由于其表面附着生长藻类而呈绿色，且左右漂游像水草。因此这种填料称为仿水草辫帘式填料。

该填料通过规格结构的变化分别适用于不同的环境（好氧、厌氧及兼氧），一般加工成帘式结构，便于安装，所以也称辫帘式水处理填料，使微生物能够充分发挥各自效能。其比表面积大、空隙率高、对气泡有很好的切割作用，并具有储氧功能。并且传质效率高、不结团不堵塞、使用寿命长、易安装，好维护、工程造价低、运行成本低、净化效果好等优点。

2002 年列为国家重点环保实用新技术（A 级）推广项目。现已广泛应用到生活污水、景观废水、工业废水（印染、造纸、化工、毛纺、皮革、制药、食品业）的处理以及江河湖海微污水的净化。

（五）水解酸化—膜生物反应器工艺处理难降解抗生素废水工业化技术

河北省环境科学研究院针对抗生素类制药废水成分复杂、有机物浓度高，并含有大量难生化降解的物质及其生化抑制物，可生化性较差，目前所采用的抗生素废水处理方法投资大，处理效率较低，难以稳定达标的现状，在综合分析研究抗生素水质特点及国内外废水处理技术状况基础上，建立了具有硝化、反硝化功能的水解酸化—膜生物反应器处理抗生素废水工艺及工业化规模的废水处理装置，系统研究了水解酸化和膜生物反应器工艺处理抗生素废水的主要影响因素及运行效果。该项技术成果为高浓度难降解的抗生素废水治理提供了一种高效经济的新工艺。目前国内化学原料药总产量约 50 万吨，医药企业的废水产生量约 3.25 亿吨/年，该项研究成果若在国内制药工业废水治理中推广，可使 3.25 亿吨/年的废水实现稳定的达标排放，可减少 COD 排放量 158 万吨；并节约稀释用水 3.25 亿吨/年，节约供水费用 7.5 亿元，大量节约了水资源。同时，该成果不仅为制药废水的处理提供了一条切实可行的工艺技术路线，实现制药工业废水的稳定达标排放，对改善生态环境质量和居民的身体健康条件具有重要意义。

（六）抗生素生产废水预处理技术研究

2008 年，河北省环境科学研究院针对抗生素废水预处理的关键技术及原理、工艺技术和技术集成优化研究。首次将清洁生产理念引入到抗生素废水预处理过程中，即在抗生素生产环节中植入清洁生产技术，显著减控了污染物产生量，减轻末端治理压力，再依据废水特征，构建了物化或生化技术预处理“分流分治”模式，大幅度降低了废水中有机污染物，并提高废水可生化性和有效降低废水处理成本，使抗生素废水的处理实现“高效、稳定、低耗、达标”。利用该课题的研究成果，在抗生素生产行业推进实施清洁生产，提高各工艺环节的收率，减轻抗生素生产给资源和环境保护带来的压力。通过改革和发展抗生素废水处理新工艺、新技术，加强科学管理将污染排放减至最低，促进医药企业产生的废水实现稳定的达标排放，使其对社会和环境的危害最小化。该课题研究成果的推广应用，在大幅度降低抗生素工业的污染排放的前提下有效降低制药企业废水处理成本，从而增强我国医药行业在国际市场上的竞争力，达到经济效益和环境效益的统一。该课题研究成果采用抗生素生产废水处理工程设计或技术转让的方式进行推广。应用超滤膜分离清洁生产技术替代原树脂脱色工艺对土霉素发酵液进行分离提取，按每年生产土霉素产品 6600 吨，不计算材料费、人工费等，每年可挽回经济损失 1650 万元，每年减少 COD_{Cr} 的产生量 13200 吨，减轻了对后续土霉素废水处理的压力，有效降低了废水处理费用。针对不同特征的抗生素生产废水实施“分流分治”模式，能够减轻后续废水处理压力，保证废水的稳定达标排放，有效降低制药企业的环保处理成本。

（七）工业窑（锅）炉消烟除尘脱硫装置的研究

河北科技大学利用核凝原理，采用烟气自激产生蒸气与黑烟微粒及二氧化硫进行作用，并设计了内循环式水流循环，使处理系统不外排水，避免二次污染。对烟气中烟尘、二氧化硫有较好的去除效果，窑炉烟气经该装置处理后，达到了国家《工业窑炉大气污染物排放标准》（GB 9078—1996）中的规定要求。自行研制开发的消烟除尘脱硫装置，创新性地装置在内部收缩段、弧形阶梯折板和循环水装置，实现水汽自激、烟尘核凝聚、吸收液脱硫，达到了消烟除尘脱硫一体化的目的。解决了中小型工业窑炉烟气污染治理的技术难题。该净化装置选用适宜的脱硫剂，脱硫效率可达 80%以上，对中小型工业窑炉的烟气治理具有很好的推广价值。该科研成果获得 2000 年国家环境保护科学技术研究成果奖。

（八）壳聚糖类净水剂

河北科技大学研究开发了循环酸碱法制备壳聚糖新工艺，较传统的酸碱法相比，生产周期缩短了 20 小时，酸用量减少 40%，碱用量减少 80%，制得的壳聚糖经检测脱乙酰度达 86.6%，黏均分子量达到 1.19×10^6，灰分 3.17%。该研究通过化学接枝反应制备的壳聚糖衍生物——香草醛改性壳聚糖和丙烯酰胺改性壳聚糖用作净水剂，与现有的未接枝改性壳聚糖相比，对废水的絮凝效果提高了 35%以上，其用量减少了 80%。香草醛改性壳聚糖对 Cu^{2+}吸附率达到 90%以上。用于洗毛废水处理，与未改性壳聚糖比较用量减少 80%，絮凝效果提高 35%以上。产品的制备工艺简单，生产成本经济，处理费用小，在水净化领域具有推广应用前景。该科研成果获得 2000 年国家环境保护科学技术研究成果奖。

（九）含高硫沼气脱硫技术研究

华北制药康欣有限公司对含高硫沼气脱硫技术研究采用碳酸氢钠缓冲溶液和“888”脱硫催化剂组成的吸收液、氢氧化钠补碱、不同液气比的两级吸收塔，对沼气中的硫化氢进行吸收，吸收硫化氢后的富液用空气氧化再生，析出硫黄，而再生后的吸收液循环使用。该研究达国际领先水平，解决了高浓度硫酸盐制药废水在厌氧处理中产生富含硫化氢沼气的净化问题，大大降低了沼气进一步利用时的设备腐蚀和二氧化硫排放量。它采用湿法脱硫技术，选用国内外较先进的脱硫催化剂，对脱硫工艺及吸收液组成进行了改进，探索出了适宜的运行控制条件，实现了硫黄回收和吸收液的循环利用，使净化后的沼气硫化氢含量达到了应用要求。

该科研成果获得 2003 年国家环境保护总局科技进步三等奖，已成功地应用于华北制药康欣有限公司和华北制药集团开发区污水处理中心所产沼气的脱硫净化，石家庄滹沱河化肥厂也将该成果应用于生产中，并取得了较好的效果。

（十）高活性厌氧颗粒污泥工业化生产技术

华北制药康欣有限公司、河北科技大学以大型（500立方米）UASB反应器为研究对象，从厌氧反应器污泥菌种的筛选、反应器快速启动及高活性厌氧颗粒污泥培养等方面进行研究，探索出大型厌氧反应器快速启动及污泥床快速颗粒化的运行控制条件，实现了高活性厌氧颗粒污泥的工业化生产及大型UASB反应器的稳定、高效运行，并成功地进行了推广应用。涉及的大型厌氧反应器均实现了污泥床颗粒化，并实现了高活性厌氧颗粒污泥的工业化生产，已生产出的4700立方米高活性厌氧颗粒污泥，作为高效菌种已分别用于4个企业的20座500立方米厌氧反应器，其中16座是全部利用生产的高活性厌氧颗粒污泥作为接种物，均在短期内实现反应器的稳定、高效运行，已成为高活性厌氧颗粒污泥的生产基地，年产高活性厌氧颗粒污泥7000立方米。4个工程投资2200万元，日处理高浓度有机废水18800立方米，去除COD 97吨，回收沼气6.8万立方米，年获收益2620万元，取得了显著的经济效益、环境效益和社会效益。高活性厌氧颗粒污泥应用于EGSB反应器处理生活污水，拓宽了厌氧技术在废水处理领域的应用范围。2004年获国家环境保护科学技术三等奖。

（十一）空气质量自动监测系统

河北先河环保科技股份有限按公司生产的XHAMS2000型环境空气质量自动监测系统是用于对城市空气质量进行连续在线自动监测，该系统可为环保部门提供大量准确可靠、反映某一地区空气污染状况实时变化的技术数据，为政府掌握空气污染状况的变化和开展空气质量预报工作提供了详实的数据资料和技术基础，为进行污染源解析和制定空气质量保护政策提供了科学依据。

该系统由中心控制室、质量保证实验室和系统支持实验室、若干个优化布点的监测子站等部分组成。监测子站由空气采样系统、空气污染监测仪器、气象参数测量仪器、动态校准系统和数据采集系统组成。空气污染监测仪器采用环境光学监测技术，主要包括二氧化硫、氮氧化物、臭氧、一氧化碳、硫化氢、氨气、PM_{10}等自动监测仪。气象参数测量仪器主要包括风向风速、温湿度、气压、雨量等自动测量仪。动态校准系统由标准气体、动态自动校准仪和零气发生器组成，主要完成空气污染自动监测仪零点和量程的在线自动校准。数据采集系统可自动实时地从各种监测仪器采集数据并进行预处理，等待中心站的查询。

XHAMS2 000 型环境空气质量自动监测系统是国内首家实现国产化的系统，拥有自主知识产权。污染监测仪器采用国际先进的以物理光学为基础的光谱分析测量技术；与国外同类产品相比具有较高的性能价格比；可采用多种通信方式实现中心控制室对监测子站的数据采集、远程遥控和远程诊断功能；系统的所有人机交互界面为全中文界面，操作简单，方便掌握。

该系统为国家“九五”技术创新项目，该系统拥有 11 项国家专利，8 项软件产品，1 项软件著作权。该系统获得了国家“九五”重点科技攻关计划（重大技术装备）优秀成果奖，河北省科技进步奖，2007 年度获得国家科技进步二等奖，被评为国家重点新产品。该系统达到了国际同类产品先进水平。

（十二）水质在线连续自动监测系统

河北先河环保科技股份有限公司生产的 XHWS-90A 型水质在线连续自动监测系统是用于对江河、湖泊、水库等水体温度、溶解氧（DO）、电导率、浊度等物理指标、pH、氨氮、高锰酸盐指数（COD_{Mn}）、总有机碳（TOC）、总磷（TP）、总氮（TN）等化学指标的自动监测，数据远程采集、传输及数据管理。

XHWS-90A 型水质在线连续自动监测系统首次提出并采用动静态相结合的水样三级沉降过滤技术，自主研制了动态过滤，动态沉降，静态沉降三级过滤装置，结构简单、使用方便，成功解决了在含沙量大、杂质多等复杂环境下自动取样的难题，并获得了国家专利。采水单元设计了多种采样方式，适合于多种环境条件下安装。

首次采用流通式污染物特征吸收光谱分析技术，将分析周期从传统的 1 小时缩短到了 5～15 秒，实现了水质实时在线监测，对水质安全监控具有重大意义。

总有机碳自动监测仪采用了低温催化氧化—非色散红外吸收法、弛豫时间积分分析技术及流速补偿技术，解决了现有仪器燃烧管寿命短、氯离子易结晶、检出限高、灵敏度差等问题；高锰酸盐指数自动监测仪采用了流动分析方法并研制了流通式在线比色检测器及自动消泡装置，解决了检测器光路调整复杂、气泡干扰及二氧化锰沉淀等技术难题；总氮自动监测仪采用了低温常压催化氧化技术、以锌灯作为紫外光源解决了现有技术中高温高压消解的潜在危害性及紫外光源寿命短、检测器稳定性差等难题。

该系统是基于中国水情及国人使用要求，吸取国外各种监测仪的优点，采用国产化的零部件，运用多种领先技术，自行设计研制而成。其技术指标达到并高于国外同类产品，整体技术水平达到了国外同类产品的先进水平。

研究设计的三级过滤的沉砂装置、高效消泡装置、在线消解装置、流通式检测装置、螺旋式反应盘管、光控计量装置、多参数流通池装置、流动分析技术、无线数据采集技术都是国内外产品所不具有的。

同国内外同类产品技术比较，该系统在实用性与适用性、开放性与标准化、可靠性与安全性、经济性与可扩展性等多方面具有明显的优势。

XHWS-90A 型水质在线连续自动监测系统是由公司承担的“十五”国家重大技术装备研制项目“南水北调工程成套设备研制”中的专题项

目。

该系统拥有10项国家专利，6项软件产品，1项计算机软件著作权，3项河北省科技进步奖，2006年获国家级重点新产品1项。

（十三）BDX-Ⅲ系列布袋除尘器

河北瞳鸣环保有限公司独立研制开发的BDX-Ⅲ系列布袋除尘器中的热碱回收器，主要用于纯碱制造中煅烧炉炉气的治理。

在过去的制碱工艺中，煅烧炉炉气经旋风除尘器处理后，仍含有大量的纯碱制成品，这些成品一般进行水洗净化或直接排掉，因此形成了大量的能源浪费和废水的污染。热碱回收器的主要作用是：在煅烧炉炉气经旋风除尘器处理后，进行热碱回收器的二次处理。

该设备解决的主要技术关键难题是：设备处于高负压、高正压交替运行状态，炉气高湿含碱易结露，收集下来的粉尘易结疤成块不易处理，设备运行温度较高，设备密封要求较高。每台热碱回收器实际回收能力约4 800～24 000千克/日，单机处理效率大于90%，回收了炉气粉尘（纯碱），提高了生产工艺指标，降低了制碱业的水污染。安装使用后一年可收回成本，既节能又环保。

该设备获得了多家化工企业的肯定。首次安装运行是2003年在天津碱厂实施的，又先后在国内的重庆宜化、湖北新都化工、河南金大地化工、江苏张家港华昌化工、陕西延长石油、江苏徐州丰城盐化工、四川广宇化工等多家企业安装运行，效果良好。

（十四）CDW系列静电除尘器

河北瞳鸣环保有限公司生产的CDW系列静电除尘器中的氢氧化铝焙烧炉电除尘器，是当今市场电收尘器行业中入口浓度最大的工艺收尘器。该类型电除尘器目前在氧化铝行业占了80%以上的市场份额。

该系列产品2008年1月被中环协认定为“中国环境保护产品”。2008

年9月被河北省环境保护产业协会认定为“环境保护产品”。

第三节　环保产业管理

一、环保产业调查

为全面了解全省环境保护产业的发展进程，进一步加强全省环保产业行业管理，为河北环保产业在新时期的发展规划提供重要依据，河北省环境保护局于2005年开展了“2004年河北省环境保护产业基本情况调查”，对象为2004年12月31日前在河北省辖区内正式登记注册的从事环境保护及相关产业独立核算的法人企业或事业单位（含兼业单位），内容主要包括环保服务业、环保产品生产、洁净产品生产与资源综合利用等方面。

据“2004年河北省环境保护产业基本情况调查”显示，河北省环境保护及相关产业的基本状况为：从事环保及相关产业的厂家和事业单位774家，其中企业单位721家，事业单位53家，依专业与兼业分，其中专业从事环保及相关产业的382家，兼业从事392家。生产经营和管理水平都较好、较高的上市公司14家。环保从业人员93158人，其中高级职称2017人，中级职称5881人。年末生产经营用固定资产原价3369142.89万元，年内固定资产投资261162.7万元，年内收入总额1075551.6万元，全年利润总额72889.89万元，全年缴纳税金109126.97万元。

（一）河北省环境保护及相关产业的分类情况

1. 按照企业投资性质划分

内资企业有745家，年末生产经营用固定资产原价2939075.49万元，年内环保相关产业固定资产投资231616.3万元，年创利润收入

60379.91万元，年上交税金98515.07万元；港、澳、台商投资企业16家，年末生产经营用固定资产原价349898万元，年内环保相关产业固定资产投资24558万元，年创利润收入965.28万元，年交税金1256万元；外商投资企业13家，年末生产经营用固定资产原价80169.4万元，年内环保相关产业固定资产投资4988.4万元，年创利润收入11544.7万元，年交税金9355.9万元。

2. 按照产业类别划分

河北省从事环保产品生产的单位208家，从业人员15871人；从事洁净产品生产的单位23家，从业人员10848人；从事环境保护服务的单位241家，从业人员4616人；从事资源综合利用的519家，从业人员54061人。

3. 按企事业单位生产规模划分

固定资产原价大于3000万元的为大型；小于3000万元大于1000万元为中型；1000万元以下为小型。据此标准，河北省有大型企事业单位110家，从业人员31912人，全年收入总额为490879.4万元，年利润总额31873.36万元，年应交税金31955万元；有中型企事业单位74家，从业人员14368人，全年收入总额为141127.8万元，年利润总额7511.8万元，年应交税金8646.99万元；有小型企事业单位590家，从业人员46878人，全年收入总额为443544.4万元，年利润总额33504.73万元，年应交税金68524.98万元。

（二）河北省环境保护服务业情况

环境保护服务定义：指为环境保护提供的相关服务活动，包括环境技术咨询服务、环保设施运营服务、环境影响评价服务、环境监测服务、环境贸易与金融服务、环境信息服务、环境污染治理服务、环境工程设计与施工服务、环境保护技术与产品开发服务等。

环保服务业是环保产业的重要内容之一，其涵盖面十分广泛，自1997年以来有了较快的发展。截至2004年末，河北省环境服务从业单位241家，完成项目总数30340项，年服务收入28254.87万元，年服务利润2004.79万元。环境服务的主要方向在环境监测和环境咨询上（主要为环境影响评价），其服务项目合计占全部项目数的98.5%。环境工程设计与施工尽管项目数比重小（1.2%），但盈利水平很高，其年服务利润收入占全部服务利润总和的73%。环境监测服务项目数高居榜首（占90.5%），但盈利水平很低，其所获利润占环保服务业利润的比例最少，仅为全部服务利润收入的0.1%。

（三）河北省环境保护环保产品生产经营情况

环境保护产品定义：指用于防治环境污染、保护生态环境的设备、材料和药剂、环境监测仪器仪表，包括水污染治理设备、空气污染治理设备、固定废物处理装置与回收利用设备、噪声与振动控制设备、放射性与电磁波污染防护设备、污染治理专用药剂和材料、环境监测仪器等。

据2004年全省环保产业基本情况调查，河北省环境保护产品生产厂家208家，从业人员15871人，产品类别352种，年工业销售产值126193万元，年产品销售收入119448万元，年产品销售利润12615万元。其中有部分产品出口售销达8个国家，出口产品主要为固体废物处理处置设备，其次为空气污染治理设备中的气态污染物净化设备；此外，污水流量和液位计等监测仪器也有少量出口，年出口合同额为231.75万元。

空气污染治理设备位于各类设备之首，为河北省环境保护产品的主要产品，在环保产品市场中占有很高的份额；空气污染治理设备中，又以除尘设备为主，其生产厂家为97家，产品种类198种，年工业销售产值68131.54万元，年产品销售收入66220.84万元，年产品销售利润

5119.14 万元。其次是水污染治理设备。

（四）河北省环境保护洁净产品生产经营情况

洁净产品定义：指洁净产品生产技术与设备、高效能源开发与节能的技术及设备、生态产品等，即对环境无害化或低公害的产品或绿色产品。

2004 年，河北省洁净产品生产厂家 23 家，分别生产有机畜禽产品（2 家）、其他有机产品（1 家）、低毒低害产品（6 家）、低排放产品（3 家）、可生物降解产品（6 家）、节能产品（1 家）、节水产品（2 家）、其他洁净产品生产（2 家），产品类别共 30 种，从业人员 10848 人，年工业销售产值 191425 万元，年产品销售收入 164575.6 万元，年产品销售利润 24114.6 万元。其中，节水坐便器和一些低毒低害产品出口销售 5 个国家，年出口合同额 3964.6 万美元。

（五）河北省环境保护资源综合利用情况

资源综合利用定义：指对废弃资源和废旧材料的加工处理，以及利用废弃物生产的各种产品。主要包括：在矿产资源开采过程中对其共生、伴生矿进行综合开发与合理应用；对生产过程中产生的废渣、废水（液）、废气、余热、余压等进行回收和合理利用；对社会生产和消费过程中产生的各种废旧物资进行回收和再生利用。

截至 2004 年年末，河北省从事资源综合利用的企事业单位有 461 家，从业人员 54061 人，综合利用项目数 245 种。年工业销售产值 694837.93 万元，年产品销售收入 668391.41 万元，年产品销售利润 30065.66 万元。其中固体废物综合利用项目和再生资源回收利用技术项目等向海外 14 个国家出口，出口合同额达 1784.7 万美元。

二、环保产业政策

为规范河北省环境保护产业发展，河北省政府根据本地实际情况，先后制定并发布了《“九五”后三年至2010年河北省环保产业发展规划》、《河北省环境保护“十五”规划》等规范性文件。

（一）河北省政府办公厅出台《“九五”后三年至2010年河北省环保产业发展规划》

1999年年初，河北省政府办公厅正式出台了《“九五”后三年至2010年河北省环保产业发展规划》（以下简称《规划》），力争到2010年，以年均20%的增长率实现环保产业年总产值300亿元的发展目标，把环保产业培育成21世纪初全省最具活力的新的经济增长点之一。

《规划》提出，要围绕技术开发、设备生产、资源综合利用与环境治理及商业流通、信息服务、工程承包等几个重点，逐步建立起以华北制药股份有限公司环保所等单位为核心的3大环境科技开发中心，以泊头、宣化等地为依托的6大环保设备生产基地，并建立9大服务公司，抓好10大资源综合利用示范项目，最终形成统一的“科、工、贸”一体化的环保产业体系。

为确保《规划》的落实，河北省制定了一系列政策措施：建立健全促进环保产业发展的管理机制，发展集约化经营，形成环保产业的规模效益；加快科技开发和人才培养步伐，提高科技成果转化力度；加大资金投入和财税扶持力度；加快环保产业对外开放步伐，增强参与国际分工与交换的能力；加强环保市场建设和管理；建立质量监督体系，确保产品质量；建立环保信息网络，发展环保产业服务体系。

（二）河北省政府出台“十五”环保规划

2002年，河北省政府发布了环境保护“十五”规划，明确指出“规范环保产业市场，促进环保产业发展”。该规划的总体目标是：大力发展环境科技产业，抢占绿色制高点，建立统一规范的环保产业市场，扶持一批环保产业骨干企业，抓好50个出口创汇企业通过ISO 14000认证。

“规划”指出：加强宏观调控。建立省政府统一领导的环保产业发展协调机制，打破部门垄断和地区分割，完善正常的生产流通秩序，构筑面向市场的环保技术服务体系和公平有序的市场运行机制。充分发挥各部门的积极性，加大落实国家有关优惠政策的力度，强化环保产业市场的监督管理，引导环保产业健康发展。

“规划”要求推进环保资质认可，建立和完善环保设施运营资质、环境工程设计认可制度。建立与国际惯例接轨的环保产品、ISO 14000环境管理体系、环境标志产品及环境技术第三方认证制度。多渠道筹措环保产业发展专项资金，加强专项资金监督管理，确保资金使用效益。大力发展环境服务，促进环保设施运营企业化、专业化和市场化。

“规划”强调，要加强环境保护关键技术和工艺设备的研究开发，增强自主创新能力，健全技术创新体系，开发、引进、消化、吸收先进适用技术，加速环保科技成果向现实生产力的转化，使环保技术设备在成套化、系列化和标准化方面有较大的发展。开展环境与发展的战略、政策、法规、环境经济和管理制度等重大问题的研究，为提高宏观决策和环境管理水平服务；推进产学研结合，引导各类企业与大专院校、科研单位建立多种形式的合作关系，集中力量对重大污染防治关键技术开展科技攻关；对重大科研项目逐步实行招投标制和评估制；加强科研基础设施建设，加大科研投入；大力培养重点学科学术带头人和高素质的中青年科技人才。

在“十五”环保规划中，河北省政府建立了环保产业发展专项资金，每年筹资1000万元，用于支持环保产业的技术开发、示范推广，以及重点产业项目的扶持或贴息。

三、环保产业管理制度

为加强环境保护产业监督管理，促进环境保护产业健康发展，根据《河北省环境保护条例》和国家有关规定，结合本省实际，河北省环保产业协会草拟了《河北省环境保护产业管理暂行办法》，经河北省环保局同意，报请省政府常务会议通过，由河北省人民政府于 1997 年 1 月 23 日发布了《河北省环境保护产业管理暂行办法》（河北省人民政府第 180 号令）。此后，该办法根据省政府（2007）5 号令进行修改。依照省政府办公厅 2007 年 11 月 15 日《河北省人民政府办公厅关于公布现行有效省政府规章目录的公告》序号第 79 号，于 2007 年 4 月 22 日施行。

《河北省环境保护产业管理暂行办法》明确了省环境保护行政主管部门在环境保护产业管理方面的主要职责；明确了市、县环境保护行政主管部门的有关职能；要求县以上财政、税务部门和金融机构应当根据国家及本省的有关规定，在资金安排、税收和信贷方面对环境保护产业给予重点支持；要求县以上科学技术行政主管部门应当将环境保护新技术开发、新产品研制及科学研究成果应用优先列入科学技术发展计划和推广计划；要求从事环境污染治理工程设计、施工、进行集中处理和专业化运营的单位，必须依法取得相应资质；禁止生产、销售和使用国家或者本省明令淘汰的环境保护产品；并对环境保护产业、环境保护产品和环境污染治理工程等用语的含义进行了解释。

第四节　环保产品管理

一、省级环保产品认定

根据国家有关部委和《河北省环境保护产业管理暂行办法》的规定，河北省环保局在本省辖区内开展了环保产品认证和环境工程设计资质认证工作，此项工作始于 20 世纪末，是规范环保产业市场的一项重要内容。为加强该项工作，河北省环境保护局专门设置了河北省环境保护产品认证办公室，负责对河北省内和预进入河北省内环保市场的环保产品（企业）进行资格标准认定。2003 年年初，河北省环境保护产品认证和环境工程设计资质认证工作由省环保产业协会承办。

（一）基本情况介绍

根据河北省环保局、河北省建委、河北省技术监督局（冀建环[1993]191 号、冀环协[1994]164 号）和“河北省环保材料设备使用认证实施办法”（1994 年 1 月 1 日实施）和河北省政府 180 号令（1996 年 12 月 16 日）第十四条、第十六条规定：（1）对环保产品进行使用认可；（2）对污染工程设计、施工进行资质认证。其重要意义在于：一是可建立健全环保产品质量保障体系，完善质量监督机制，健全产品质量各种规章制度。二是环保产品认证严格落实执行国家和河北省产品标准和技术要求。三是规范环保产品市场，严格控制无序竞争和假冒伪劣产品进入流通。四是规范环保企业产品质量保证体系，提高企业产品质量意识，争创名牌产品。

根据《行政许可法》有关规定，2000 年 7 月 18 日“环保产品使用认证工作、环境工程设计资质认证工作由省环保局移交至省环保产业协会，省环保产业协会办事机构设在省环保开发服务中心”（冀环人[2000]314 号）；2003 年 7 月，省环保产业协会办事机构移交到省环境科学院；2007 年年初，省环保产业协会办事机构移交到省环保开发服务中心。

（二）开展认证工作情况

2004 年和 2005 年共发展环保企业会员 246 家。

1. 2004 年认证情况

进行环保产品认证的企业为 221 家。其中，锅炉产品为 104 项；大气污染治理设备为 93 项；水污染防治治理设备为 15 项；噪声污染治理设备为 1 项；环境监测仪器为 4 项；其他为 9 项。进行环境工程设计认证的企业为 44 家。其中，废气为 16 项；噪声为 8 项；废水为 30 项；固废为 5 项；其他为 2 项（备注：环保产品、环境工程设计认证的企业，有申报 2 项或多项，所以用项分类）。

2. 2005 年认证情况

进行环保产品认证的企业为 137 家。其中，锅炉产品为 82 项；大气污染治理设备为 45 项；水污染防治治理设备为 4 项；噪声污染治理设备为 3 项；环境监测仪器为 2 项；其他为 13 项。进行环境工程设计认证的企业为 90 家。其中，废气为 29 项；噪声为 11 项；废水为 44 项；固废为 3 项；其他为 2 项（备注：环保产品、环境工程设计认证的企业，有申报 2 项或多项，所以用项分类）。

二、国家环保产品认定

河北省环保产业协会根据国家环保产品认定的相关规定要求，向省内有关企业公布了环保产品申请认证具备的条件、需要提供的材料与技术资料。河北省内企业申请国家级环保产品认定，可以通过河北省环境保护产业协会预审并推荐，也可以由企业直接向国家环境保护产业协会申请。经由河北省环境保护产业协会预审并推荐的企业，河北省环境保护产业协会不但对申报材料进行详细审查，还组织专家到有关企业进行实地勘察，只有对符合条件的环保产品（企业）才能予以推荐。

第五节　环保产业发展的对策及措施

一、制定环保产业发展的技术、经济政策

① 根据国务院办公厅《关于积极发展环境保护产业的若干意见》和国家经贸委《关于做好环保产业发展工作的通知》、《关于加快发展环保产业的意见》的精神，制定和落实环保产业减免优惠政策、预算内财政补助政策、技术引进减免关税政策和投资信贷优惠政策，营造省环保产业发展的政策优势。

② 制定政府绿色采购目录和政策，确定产业结构调整方案及相应扶持政策，引导全省环保产业均衡发展。对于发布的符合《河北省政府采购办法》规定的环保产品，政府所属各部门应优先购买和使用。

③ 设立“河北省环保技术进步专项资金”，提升全省环保产业的科技进步。重点支持环保技术创新、产品开发、成果转化、重点实用技术推广、环保科技示范工程等。推进产学研联合攻关和开发，建立高新技术产业化激励机制，加快先进、成熟技术的推广应用。重点扶持共性、关键性和前瞻性技术、产品的开发和环保产业示范工程。依托高新技术和示范工程，培育环保产业骨干企业，提高工程总承包和设备成套化能力，掌握核心技术，占领技术制高点，发挥先导作用。每年重点支持 3～5 个环保产业高新技术示范工程和装备国产化项目，通过几年的集成形成一个高科技企业群，提升全省环保产业科技水平。

④ 充分发挥“河北省环保产业专项发展基金”在环保产业发展中的导向作用，完善管理机制和申报程序。重点环保企业的新产品开发；环保设施的企业化、市场化运营费的补贴和重点环保企业的政策性投入、环保集中处理工程建设的配套资金等，使其与“河北省环保产业技术进步专项资金”在技术和市场之间形成互补，全面提升河北省环保产业的

发展水平。

二、调整环保产业结构和产品结构

实现“节能减排”、清洁生产，关键是要进一步加大转变经济发展方式的力度。要摒弃传统的发展模式，认真贯彻落实科学发展观，加快推进经济发展方式转变，走新型工业化之路。

① 根据环保产业市场需求情况，定期公布《河北省环保产业发展导向目录》，确定产业结构调整方案，引导全省环保产业均衡发展。

② 采取措施大力优化各种类型环保企业的比例。一方面大力增加高附加值环保产品的生产，另一方面因地制宜地发展装备生产。同时加大对现有环保企业的技术改造力度，鼓励企业采取新技术和先进工艺，以提高加工能力和产品档次。通过开发更多的加工产品，特别是精深加工产品，实现增产增效的目的。

③ 根据河北实际，要把下大力推进产业结构的优化升级、增进结构效益作为转变经济发展方式的重中之重，从优化产业结构、促进技术进步、加强生产管理、鼓励理性消费等多方面采取措施，切实把工作重点转到主要依靠科技进步、提高劳动者素质和管理创新的轨道上来。要严格执行产业政策和环保标准，大力推动产业结构优化升级，下决心淘汰那些高消耗、高排放、低效益的落后生产能力，广泛应用高技术和先进适用技术改造和提升传统产业，培育一批有实力、有竞争力的企业集团，加快发展具有潜力、关联性强的先进制造业、高新技术产业和现代服务业，加快构建形成一个资源消耗少、环境污染小、附加值高、吸纳就业多的产业结构体系。

三、变污染企业为“我要治理”

目前还有一些企业一味追求眼前的经济效益，缺乏长远发展的战略眼光，个别地方政府也还存在单纯注重经济增长而忽视经济与资源环境协调发展的倾向，在环境保护上执法不力、措施不严。解决污染治理，一方面要加大宣传力度，提升企业的环保意识，提高企业对污染治理的自觉性和主动性。另一方面，要加大执法力度，增强对污染企业威慑力。更为重要的是，要积极探索建立有利于环境保护的长效机制。政府有关部门要通过进一步改善和加强宏观调控，强化公共服务，完善各类质量、安全、环保等法规和标准。要从体制、政策、机制、投入等方面鼓励、支持节约能源、保护环境。特别是要更多地用经济手段、产业政策等研究制定鼓励节能减排、发展循环经济、遏制浪费资源和污染环境行为的政策措施。对原料、生产、产品、消费、废弃物处置的各个环节实行严格的资源消耗和污染物排放控制。对高消耗、高污染的企业，可根据全国行业平均水平，参照河北省先进水平，制定主要能源、原材料消耗标准和污染控制标准，并随着经济发展、技术水平提高及时修订，高于标准的企业，要限期改造、达标。

四、提高队伍素质

① 积极开展对全省环保产业人员的培训，包括管理培训、技术培训、市场营销培训等。

② 多形式、多方位促进企业与企业之间、企业与外省之间、企业与国外之间的学习和交流。

③ 建立多梯次、应用型人才库，为企业发展提供人才支持。加大人才引进力度，树立开放式人才观，营造尊重知识、尊重人才的良好氛围。加强高校对环保人才的培养，促进人才的广泛交流。全方面提高环保产业队伍的人员素质，增强河北省企业的市场竞争力。

五、培育和扶持龙头企业

以环保产业的规模化、集约化和基地化为目标，选择素质好、水平高、发展前景良好的大型企业和集团，集中进行政策倾斜。鼓励骨干企业转变经营模式，建立自己的设计机构或与大专院校、科研院所联合开拓市场。大力推进环境工程公司的建设进程，使其具备技术开发、市场开拓、融资能力和带动作用的功能。从而提高河北省环保产业的综合设计、成套供给和工程总承包能力。

六、规范环保产业市场

由于河北省环保产业底子差，规模小，产业结构、产品结构缺乏统一规划和合理配置。在此情势下，优化产业结构、鼓励企业跨地区或跨行业实现联合、提高环保产业企业的规模效益和市场竞争能力就显得尤为迫切。环保产业市场是一个特殊的市场，是一个靠环保执法来推动的市场、靠信息来拉动的市场、靠高新科技来带动的市场。应尽快建立和完善技术、资金、劳动力等生产要素市场和咨询、评估等中介服务市场。要依法严厉打击假冒伪劣环保产品，坚决制止不正当竞争行为，维护环保产业市场的正常秩序，促进环保产业市场健康发展。

① 成立“河北省环保产业市场管理办公室”，全面负责河北省环保产业市场的管理工作。贯彻国家、省有关环保产业的方针、政策和法规，制定全省环保产业长期发展规划和年度计划，制定环保产业市场管理办法，负责行业准入资质资格的审核，对重点环保产品质量和环境工程招投标进行市场监督，组织制定重点行业环保产品标准、环境工程设计管理规定和技术要求，负责环保产业示范工程的建设和管理，组织协调新产品、新技术的开发创新工作。

② 建立、健全环保产品、环境工程建设、设施运营、环境影响评价、环境监测、危险废物处理处置等领域的市场准入制度。实行环境保护污染防治行业准入资质资格审核，建立统一、开放、公开、公平、公正、规范有序的环保产业市场。

③ 推行环境治理工程监理制度。对重点行业的治理工程进行全过程监控，保证工程质量和污染防治设施的正常运行。

④ 建立不合格设施公开曝光制度。充分发挥行业组织在协助政府进行行业管理和实行行业自律等作用，对不能正常运行、不能达标排放、有严重设计缺陷、有严重质量问题的环境污染防治设施和产品，在行业内给予公开曝光，并公布设施的设计、施工、安装和产品供货方，以及托管运营的单位和设计责任人，以规范行业的发展。

⑤ 实行技术责任追究制。对在环境污染治理工程设施建设中造成严重影响的技术责任人，实行技术责任追究制，并给予相应的制裁和惩罚，并逐步建立环境治理工程设计施工评估体系。

⑥ 加快城市环保设施建设、管理和运营体制的改革，积极推行环保设施企业化、市场化运营的新模式。按照“谁投资、谁所有、谁管理、谁受益”的原则，鼓励环保企业参与城市污水处理厂、垃圾处理厂的投资、建设与运营。实行城市污水和垃圾处理设施商业化运营、有偿使用。积极探索城镇给水、排水建设和运行一体化的管理体制，通过市场机制促进污水治理和相关设施的合理化运营，带动产业发展。

七、国际交流与合作

① 要充分利用国际金融机构贷款和外商直接投资，引进国外先进的污染防治技术、关键设备和管理经验，实施“以工程换技术、以示范争市场”的战略，加快与国际大企业在核心技术领域的深层次合作。缩短河北省环保产业与发达国家之间的差距。

② 积极开展国际环保科技交流与合作，发展合作研究、联合开发等国际科技合作方式，高起点引进国外先进技术，消化吸收国外先进环保技术和设备，注重将其国产化并加以创新，提高河北省环保科技与产业的综合水平，大力推动省内环保产业走向国际市场。